집합론

김영기 지음

KM 경문사

머리말

집합론의 기초개념은 우리나라 교육과정상으로는 매우 일찍부터 다루어져온 개념이다. 그러나 너무 직관적인 방법으로 도입되어, 엄밀한 논리성을 요구하는 수학을 전공하는 학생들에게는 오히려 방해가 되는 면도 없지 않은 것이 현실이다. 칸토어가 수학에 집합론을 도입한 이후에, 현대수학은 집합론 위에서 발전되어 왔다. 모든 현대수학이 실수의 범위를 넘어서, 실수는 하나의 예제가 되고, 임의의 집합 위에서 정의되고, 구조화되어 수학의 영역을 열어 나아간다. 그래서 수학과에 입학한 학생들은 집합론의 엄밀한 논리성 없이는 한 걸음도 앞으로 나아갈 수 없는 것이 또한 사실이다.

여러 해 동안 집합론을 가르쳐 오면서, 소위 학생들의 눈높이에 맞는 강의수준을 유지하기 위하여 나름대로 노력해 왔다고 자부하지만 마땅한 교재가 없어서 고심하던 중에, 경문사에서 출판할 기회를 주어서 그동안 강의하면서 참고하였던 교재들의 내용을 참고하여 비교적 친근하게 접근할 수 있는 방법으로 한 권의 책으로 만들어 보았다. 한 학기 동안에 무한집합, 서수, 기수의 연산까지 현대수학에서 흔히 사용되는 모든 영역을 살펴볼 수 있도록 구성하였다.

2018. 12

김영기

차례

1

기본 논리
Basic Logic

1.1 명제Statement

정의 1.1.1 시간이나 지식에 상관없이 **참(true)** 혹은 **거짓(false)**이 분명한 문장이나 식을 **명제(statement)**라 한다.

예제 1 다음 각각은 명제이다.

(a) 2+3은 5이다.

(b) $\sqrt{2}$의 소수 10^{100}번째 자리 숫자는 3이다.

(c) 화성에는 생명체가 있다.

예제 2 다음 각각은 명제가 아니다.

(a) 춘향이는 예쁘다.

(b) 사랑이란 명제 앞에서!

(c) 아! 가을인가.

(d) 통일이 우리의 지상 명제이다.

하나의 명제를 p라고 나타낼 때, "p가 아니다"를 기호로 $\sim p$로 나타내고, p의 **부정(negation)**이라 부른다. 예를 들면, "한국의 수도는 서울이다."는 명제를 p로 나타내면, 이 명제 p의 부정명제 $\sim p$는 "한국의 수도는 서울이 아니다."를 나타낸다.

어떤 명제 p가 있을 때, 참이든지 거짓이든지 둘 중에 하나일 것이다. 참일 경우는 T, 거짓일 경우는 F로 나타내기로 하고 다음 표 1.1.1과 같이 정리한 것을 **진리표(truth table)**라고 하고, T, F를 **진리값(truth value)**이라 한다.

p	$\sim p$
T	F
F	T

표 1.1.1

정의 1.1.2 임의의 두 명제 p, q가 있을 때, 합성명제 $p \wedge q$의 진리값을 다음 표 1.1.2와 같이 정의한다.

p	q	$p \wedge q$
T	T	T
T	F	F
F	T	F
F	F	F

표 1.1.2

$p \wedge q$는 p이고 q 혹은 p와 q의 **논리곱(conjuction)**이라고 읽는다. 예를 들면 "화성에는 생명체가 없다."를 p, "달에는 물이 있다."를 q로 나타내면, $p \wedge q$는 "화성에는 생명체가 없고, 달에는 물이 있다."를 나타낸다.

예제 3 다음 합성명제의 진리표를 만들어라.

$$\sim [(\sim p) \wedge q]$$

풀이.....

p	q	$\sim p$	$(\sim p) \wedge q$	$\sim [(\sim p) \wedge q]$
T	T	F	F	T
T	F	F	F	T
F	T	T	T	F
F	F	T	F	T

정의 1.1.3 임의의 두 명제 p, q가 있을 때, 합성명제 $p \vee q$의 진리값을 다음 표 1.1.3과 같이 정의한다.

p	q	$p \vee q$
T	T	T
T	F	T
F	T	T
F	F	F

표 1.1.3

$p \vee q$는 p 또는 q, 혹은 p와 q의 **논리합(disjunction)**이라고 읽는다.

주의 $p \wedge q$의 진리값은 p와 q가 모두 참일 때만 참(표 1.1.2)이고, $p \vee q$의 진리값은 p와 q가 모두 거짓일 때만 거짓(표 1.1.3)이다.

정의 1.1.4 두 명제 P, Q에 대하여, 모든 논리적 가능성의 각각의 경우에 진리값이 같으면, P와 Q는 **논리적 동치(logically equivalent)** 혹은 **동치(equivalent)**라 하고, $P \equiv Q$로 나타낸다.

예제 4 $p \vee q$와 $\sim(\sim p \wedge \sim q)$의 진리표를 살펴보자.

p	q	$p \vee q$
T	T	T
T	F	T
F	T	T
F	F	F
①	②	③

표 1.1.4

p	q	$\sim p$	$\sim q$	$\sim p \wedge \sim q$	$\sim(\sim p \wedge \sim q)$
T	T	F	F	F	T
T	F	F	T	F	T
F	T	T	F	F	T
F	F	T	T	T	F
①	②	③	④	⑤	⑥

표 1.1.5

위의 두 표에서 보면 표 1.1.4 ③의 진리값과 표 1.1.5 ⑥의 진리값이 모든 경우에 같으므로 $p \vee q$와 $\sim(\sim p \wedge \sim q)$는 동치이고, $p \vee q \equiv \sim(\sim p \wedge \sim q)$로 나타낼 수 있다.

정의 1.1.5 두 명제 p, q가 있을 때, 합성명제 $p \rightarrow q$의 진리값을 다음 표 1.1.6과 같이 정의한다.

p	q	$p \rightarrow q$
T	T	T
T	F	F
F	T	T
F	F	T

표 1.1.6

$p \rightarrow q$는 "p이면 q"라고 읽는다.

주의 위의 정의 1.1.5에서 "p이면 q"는 우리가 일상적인 언어에서 사용하는 인과관계가 빈드시 있어야 되는 것은 아니다. 예를 들면 "$1+1=2 \rightarrow \pi$는 무리수이다."를 생각하면 "$1+1=2$"인 것과 "π는 무리수이다."는 인과관계가 없다. 그러나 이 합성명제는 p와 q가 각각 참인 경우이므로, 참이다.

다른 예를 들면, "$2+2=5 \to 4$는 소수이다."를 생각하면, 이 합성명제 역시 참이다. 왜냐하면 둘 다 거짓인 경우로, 위의 표 1.1.6에서 참(T)이다.

예제 5 $p \to q \equiv \sim(p \wedge \sim q)$이다.

풀이.....

진리표를 만들어보면 다음과 같다.

p	q	$\sim q$	$p \wedge \sim q$	$\sim(p \wedge \sim q)$
T	T	F	F	T
T	F	T	T	F
F	T	F	F	T
F	F	T	F	T

표 1.1.7

표 1.1.6과 비교하면, $\sim(p \wedge \sim q)$의 진리값이 모든 경우에 있어서 $p \to q$의 진리값과 같음을 알 수 있다. 그러므로 $p \to q$와 $\sim(p \wedge \sim q)$는 동치이다.

정의 1.1.6 두 명제 p, q가 있을 때, 합성명제 $(p \to q) \wedge (q \to p)$와 동치인 명제를 $p \leftrightarrow q$로 나타내고, p일 **필요충분조건**이 q라고 읽는다.

연습문제..... 1.1

※ 다음 문장들 중에서 명제인 것을 골라라(1~10).

1. 1441년 1월 7일에 플로리다의 어느 곳엔가 눈이 내렸다.

2. 아리스토텔레스는 평발이었다.

3. 사회주의는 잘못된 것이다.

4. 서울의 김영기 씨는 세계에서 제일가는 부자다.

5. 지선과 유상은 착하다.

6. 이 자동차의 값은 얼마입니까?

7. 잔디밭에 들어가지 마시오.

8. 당신의 안전띠를 매시오.

9. 수 $2^{987654321}$은 소수이다.

10. 베토벤은 쇼팽의 음악 중 몇 가지 악보를 작성하였다.

※ 다음 각각에 대하여 진리표를 작성하여라(11~18).

11. $\sim(\sim p)$

12. $\sim(\sim(\sim p))$

13. $p \wedge p$

14. $\sim (p \wedge \sim p)$

15. $p \wedge \sim q$

16. $\sim p \wedge q$

17. $(p \wedge q) \wedge \sim p$

18. $\sim (p \wedge q)$

19. 다음과 같은 성분으로 이루어진 합성명제에 있어서 논리적 가능성은 모두 몇 가지 있는가?

세 개의 서로 다른 성분 p, q, r

네 개의 서로 다른 성분

n개의 서로 다른 성분

20. 다음은 세 성분 p, q, r로 이루어진 명제의 진리표에 모든 경우를 배열하기 위한 계획을 나타낸 것이다. 미완성된 부분을 메꾸어라.

p	q	r	
T	T		
T	T	F	
T		T	
T		F	
	T	T	
	T	F	
F	F		
	F	F	

※ 문제 21～24에 있는 각 명제의 진리표를 작성하여라. 필요하면 문제 20의 본보기를 이용하여라.

21. $(p \wedge q) \wedge r$

22. $p \wedge (q \wedge r)$

23. $(p \wedge \sim q) \wedge r$

24. $\sim q \wedge (r \wedge q)$

1.2 항진명제 Tautology

정의 1.2.1 모든 논리적 가능성에 대하여, 항상 참인 명제를 **항진 명제(tautology)**라고 한다.

예제 1 $p \vee \sim p$의 진리표를 만들어 보자.

p	$\sim p$	$p \vee \sim p$
T	F	T
F	T	T

표 1.2.1

두 가지의 가능성, 모두에 대하여, 항상 참(T)이므로 $p \vee \sim p$ 명제는 항진명제이다.

특히, 두 명제 P, Q에 대하여, $P \rightarrow Q$가 항진명제일 때 P는 Q를 **함의(implication)** 한다고 말하고, "$P \Rightarrow Q$"로 표시한다.

수학이나 논리에 있어서, **정리(theorem)**는 항진명제이다. 이러한 항진명제인 정리의 정당성을 밝히는 일을 **증명(proof)**이라고 한다.

정리 1.2.2 임의의 두 명제 p, q에 대하여 다음이 성립한다.

(a) **합의 법칙**(law of addition-Add.)

$$p \Rightarrow p \vee q$$

(b) **단순화 법칙**(law of simplication-Simp)

$$p \wedge q \Rightarrow p, \quad p \wedge q \Rightarrow q$$

(c) **논리합삼단법**(disjunctive syllogism-D.S.)

$$(p \vee q) \wedge \sim p \Rightarrow q$$

증명

(a)와 (b)의 증명은 생략한다. (c)의 증명을 진리표를 통하여 알아보면 항진명제임을 알 수 있다.

$(p$	$\vee$	$q)$	$\wedge$	$\sim p$	$\rightarrow$	q
T	T	T	F	F	T	T
T	T	F	F	F	T	F
F	T	T	T	T	T	T
F	F	F	F	T	T	F

$P \leftrightarrow Q$가 항진명제일 때, $P \Leftrightarrow Q$로 나타내고, P와 Q는 **동치**라고 읽는다. ■

정리 1.2.3 임의의 두 명제 p, q에 대하여 다음이 성립한다.

(a) **이중부정법**(law of double negation-D.N.) $\sim(\sim p) \equiv p$

(b) **교환법칙**(commutative laws-Com.)

$$p \wedge q \equiv q \wedge p, \quad p \vee q \equiv q \vee p$$

(c) **멱등법칙**(laws of idempotency-Idemp.)

$$p \wedge p \equiv p, \quad p \vee p \equiv p$$

(d) **대우법칙**(contrapositive law-Contrap.)

$$(p \rightarrow q) \equiv (\sim q \rightarrow \sim p)$$

증명

(a), (b), (c)의 증명은 생략한다. (d)의 증명을 진리표를 통하여 알아보자.

$(p$	$\to$	$q)$	$(\sim q$	$\to$	$\sim p)$
T	T	T	F	T	F
T	F	F	T	F	F
F	T	T	F	T	T
F	T	F	T	T	T

다음은 드 모르간(Augustus De Morgan, 1806~1871)의 공로에 의하여 만들어진 하나의 정리이다. ■

정리 1.2.4 **드 모르간 법칙(De Morgan's laws–De M.)** 임의의 두 명제 p, q에 대하여 다음이 성립한다.

$$\sim(p \wedge q) \equiv \sim p \vee \sim q, \quad \sim(p \vee q) \equiv \sim p \wedge \sim q$$

증명

다음은 쌍 조건문 $\sim(p \wedge q) \equiv \sim p \vee \sim q$의 진리표를 간단히 나타낸 것이다.

$\sim$	$(p$	$\wedge$	$q)$	$(\sim p$	$\vee$	$\sim q)$
F	T	T	T	F	F	F
T	T	F	F	F	T	T
T	F	F	T	T	T	F
T	F	F	F	T	T	T

■

정리 1.2.5 임의의 세 명제 p, q, r에 대하여 다음이 성립한다.

(a) **결합법칙**(associative laws-Assoc.)

$$(p \wedge q) \wedge r \equiv p \wedge (q \wedge r),$$
$$(p \vee q) \vee r \equiv p \vee (q \vee r)$$

(b) **분배법칙**(distributive laws-Dist.)

$$p \wedge (q \vee r) \equiv (p \wedge q) \vee (p \wedge r),$$

$$p \vee (q \wedge r) \equiv (p \vee q) \wedge (p \vee r)$$

(c) **추이법칙(transitive law–Trans.)**

$$(p \rightarrow q) \wedge (q \rightarrow r) \Rightarrow (p \rightarrow r)$$

증명

세 성분 p, q, r에 대한 논리적 가능성은 모두 $2^3 = 8$가지 있다. 다음 표에 의하면 그 8가지 논리적 가능성의 각 경우마다 $p \wedge (q \vee r)$와 $(p \wedge q) \vee (p \wedge r)$의 진리값이 같다. 따라서 이 두 합성명제는 동치이다.

p	q	r	$q \vee p$	$p \wedge q$	$p \wedge r$	$p \wedge (q \vee r)$	$(p \wedge q) \vee (p \wedge r)$
T	T	T	T	T	T	T	T
T	T	F	T	T	F	T	T
T	F	T	T	F	T	T	T
T	F	F	F	F	F	F	F
F	T	T	T	F	F	F	F
F	T	F	T	F	F	F	F
F	F	T	T	F	F	F	F
F	F	F	F	F	F	F	F

$(p \rightarrow q) \wedge (q \rightarrow r) \rightarrow (p \rightarrow r)$의 진리표를 작성하면 다음과 같음을 알 수 있다.

$(p$	$\rightarrow$	$q)$	$\wedge$	$(q$	$\rightarrow$	$r)$	$\rightarrow$	$(p$	$\rightarrow$	$r)$
T	T	T	T	T	T	T	T	T	T	T
T	T	T	F	T	F	F	T	T	F	F
T	F	F	F	F	T	T	T	T	T	T
T	F	F	F	F	T	F	T	T	F	F
F	T	T	T	T	T	T	T	F	T	T
F	T	T	F	T	F	F	T	F	T	F
F	T	F	T	F	T	T	T	F	T	T
F	T	F	T	F	T	F	T	F	T	F

이 표에서 모든 경우에 진리값이 참이므로 추이법칙이 증명됨을 알 수 있다.

결합법칙에 의하여 $(p \wedge q) \wedge r \equiv p \wedge (q \wedge r)$에 있는 괄호는 불필요 하게 된다. 그리하여 $p \wedge q \wedge r$와 함께 $p \vee q \vee r$은 각각 일정한 뜻을 지닌다. 마찬가지로

$$p_1 \wedge p_2 \wedge \cdots \wedge p_n \text{와 } p_1 \vee p_2 \vee \cdots \vee p_n$$

도 같은 뜻으로 받아들인다. ■

진리표에 의하여 다음 정리들이 성립함을 쉽게 알 수 있다.

정리 1.2.6 임의의 두 명제 p, q에 대하여 다음이 성립한다.

(a) **C.D.법칙**(constructive dilemmas-C.D.)

$$(p \to q) \wedge (r \to s) \Rightarrow (p \vee r \to q \vee s),$$
$$(p \to q) \wedge (r \to s) \Rightarrow (p \wedge r \to q \wedge s)$$

(b) **D.D.법칙**(destructive dilemmas-D.D.)

$$(p \to q) \wedge (r \to s) \Rightarrow (\sim q \vee \sim s \to \sim p \vee \sim r),$$
$$(p \to q) \wedge (r \to s) \Rightarrow (\sim q \wedge \sim s \to \sim p \wedge \sim r)$$

다음 정리의 증명도 진리표를 통하여 쉽게 알 수 있다.

정리 1.2.7 임의의 두 명제 p, q에 대하여 다음이 성립한다.

(a) **M.P.법칙**(modus ponens-M.P.) $(p \to q) \wedge p \Rightarrow q$

(b) **M.T.법칙**(modus tollens-M.T.) $(p \to q) \wedge \sim q \Rightarrow \sim p$

(c) **R.A.법칙**(reductio ad absurdum-R.A.)

$$(p \to q) \Leftrightarrow (p \wedge \sim q \Leftrightarrow q \wedge \sim q)$$

연습문제..... 1.2

※ 다음 각각의 진리표를 작성하여라(1～12).

1. $p \vee \sim p$

2. $\sim (p \vee \sim p)$

3. $\sim (\sim p \vee \sim q)$

4. $\sim p \vee q$

5. $(\sim q) \rightarrow (\sim p)$

6. $q \leftrightarrow p$

7. $p \wedge (q \vee r)$

8. $(p \wedge q) \vee (p \wedge r)$

9. $(p \vee q) \vee r$

10. $(p \vee q) \wedge (p \vee r)$

11. $p \vee (q \wedge\ ) \vee r$

12. $p \vee (q \vee r)$

13. 명제 $(\sim q)\to(\sim p)$는 명제 $p\to q$와 논리적으로 동치인가?

14. 명제 $\sim p\vee q$는 명제 $p\to q$와 논리적으로 동치인가?

15. 문제 1~12에 있는 명제 중에서 논리적으로 동치인 명제들의 쌍을 구하여라.

16. 정리 1.2.2의 (a), (b)를 각각 증명하여라.

17. 정리 1.2.3의 (a), (b), (c)를 차례로 증명하여라.

18. $\sim(p\vee q)\equiv\ \sim p\wedge\sim q$임을 증명하여라.

19. 정리 1.2.5의 (a)를 증명하여라.

20. $p\vee(q\wedge r)\equiv(p\vee q)\wedge(p\vee r)$임을 증명하여라.

21. $(p\to q)\Rightarrow(p\wedge r\to q\wedge r)$임을 증명하여라.

22. $(p\leftrightarrow q)\equiv(p\wedge q)\vee(\sim p\wedge\sim q)$임을 증명하여라.

23. 드 모르간의 법칙을 써서 명제 "이 함수는 도함수를 갖거나 나는 바보이다."의 부정을 일상 언어로 적어라.

24. 다음은 세 성분 p, q, r에 대한 드 모르간의 법칙이다. 이것을 증명하여라.

(a) $\sim(p\wedge q\wedge r)\equiv\ \sim p\vee\sim q\vee\sim r$

(b) $\sim(p\vee q\vee r)\equiv\ \sim p\wedge\sim q\wedge\sim r$

25. n개의 성분에 대한 드 모르간의 법칙을 증명 없이 일반화하여라. 필요하면 $n=3$인 경우의 문제 24를 참고하도록 하여라.

26. 다음 흡수법칙(absorption law)을 증명하여라.

(a) $p \wedge (p \vee p) \equiv p$

(b) $p \vee (p \wedge q) \equiv q$

27. 정리 1.2.6을 증명하여라.

28. 정리 1.2.7을 증명하여라.

1.3 모순 명제 Contradiction

정의 1.3.1 모든 논리적 가능성에 대하여 항상 진리값이 거짓인 명제를 **모순명제(contradiction)**라고 한다.

예제 1 $p \wedge \sim p$는 모순명제이다.

풀이.....

p	$\sim p$	$p \wedge \sim p$
T	F	F
F	T	F

정리 1.3.2 p가 임의의 명제이고, t는 항진명제, c는 모순명제일 때, 다음이 성립한다.

(a) $p \wedge t \Leftrightarrow p$, $p \vee t \Leftrightarrow t$

(b) $p \vee c \Leftrightarrow p$, $p \wedge c \Leftrightarrow c$

(c) $c \Rightarrow p$, $p \Rightarrow t$

증명

진리표에 의하여 (a), (b)는 쉽게 확인할 수 있다. (c)의 경우에 표를 만들어 보자.

c	$\rightarrow$	p
F	T	T
F	T	F

p	$\rightarrow$	t
T	T	T
F	T	T

■

연습문제..... 1.3

1. $p \vee t \Leftrightarrow t$와 $p \wedge c \Leftrightarrow c$임을 각각 증명하여라.

2. $\sim t \Leftrightarrow c$와 $\sim c \Leftrightarrow t$임을 각각 증명하여라.

3. 다음 배리법을 증명하여라.

$$(p \wedge \sim q \rightarrow c) \Leftrightarrow (p \rightarrow q)$$

4. $p \wedge (p \rightarrow q) \wedge (p \rightarrow \sim q) \Leftrightarrow c$임을 증명하여라.

5. 임의의 명제 r에 대하여 $(p \rightarrow q) \Rightarrow (p \vee r \rightarrow q \vee r)$임을 증명하여라.

1.4 연역적 추론 Deduction Method

정의, 공리, 정리, 추론법칙 등 이미 알려진 사실들을 활용하여 결론을 이끌어 내는 방법을 **연역적 추론(deductive method)**라고 한다. 이러한 증명법을 **직접증명(direct proof)**라고도 한다.

예제 1 $(p \vee q) \wedge \sim p \Rightarrow q$를 연역적 추론으로 증명하여라.

증명.....

$$(p \vee q) \wedge \sim p \equiv \sim p \wedge (p \vee q) \quad \text{(교환법칙)}$$
$$\equiv (\sim p \wedge p) \vee (\sim p \wedge q) \quad \text{(분배법칙)}$$
$$\equiv c \vee (\sim p \wedge q)$$
$$\equiv \sim p \wedge q$$
$$\Rightarrow q \quad \text{(단순화 법칙)}$$

예제 2 $p \wedge q \rightarrow r \equiv p \rightarrow (q \rightarrow r)$을 연역적 추론으로 증명하여라.

증명.....

$$p \rightarrow (q \rightarrow r) \equiv p \rightarrow \sim (q \wedge \sim r)$$
$$\equiv \sim [p \wedge (q \wedge \sim r)]$$
$$\equiv \sim [(p \wedge q) \wedge \sim r]$$
$$\equiv p \wedge q \rightarrow r$$

예제 3 $(p \rightarrow r) \vee (q \rightarrow s) \equiv (p \wedge q \rightarrow r \vee s)$을 연역적 추론으로 증명하여라.

증명.....

$$(p \rightarrow r) \vee (q \rightarrow s) \equiv \sim (p \wedge \sim r) \vee \sim (q \wedge \sim s)$$

$$\equiv (\sim p \vee r) \vee (\sim q \vee s)$$

$$\equiv (\sim p \vee \sim q) \vee (r \vee s) \qquad \text{(결합법칙)}$$

$$\equiv \sim [(p \wedge q) \wedge \sim (r \vee s)]$$

$$\equiv p \wedge q \rightarrow r \vee s$$

연습문제..... 1.4

※ 다음 항진명제를 연역적 방법으로 증명하여라.

1. 삼단긍정법 $(p \to q) \wedge p \Rightarrow q$

2. 삼단부정법 $(p \to q) \wedge \sim q \Rightarrow \sim p$

3. 배리법 $(p \to q) \Leftrightarrow (p \wedge \sim q \to c)$

4. 논리합삼단논법 $(p \vee q) \wedge \sim p \Rightarrow q$

5. 정리 1.3.2의 (c) $c \Rightarrow p$

6. $(p \to q) \Leftrightarrow (p \to p \wedge q)$

7. $(p \to q) \Leftrightarrow (p \vee q \to q)$

8. $(p \to q) \Leftrightarrow \sim p \vee q$

9. $(p \to r) \wedge (q \to r) \Leftrightarrow (p \vee q \to r)$

10. $(p \to q) \wedge (p \to r) \Leftrightarrow (p \to q \wedge r)$

11. $(p \to q) \wedge (p \to \sim q) \Leftrightarrow \sim p$

12. $(p \to q) \vee (p \to r) \Leftrightarrow (p \to q \vee r)$

13. $(p \to r) \vee (q \to r) \Leftrightarrow (p \wedge q \to r)$

1.5 간접 증명법 Mathod of Indirect Proof

간접증명법은 논증의 결론의 부정을, 하나의 새로운 전제로서 주어진 가정에 덧붙임으로써, 모순을 이끌어 내는 방법을 말한다. 이러한 방법을 **배리법**이라고 한다.

그러면 배리법의 논리적 근거를 살펴보자.

$$\begin{aligned} p \wedge \sim q \rightarrow c &\equiv \sim [(p \wedge \sim q) \wedge \sim c] \\ &\equiv \sim (p \wedge \sim q) \vee c \\ &\equiv \sim (p \wedge \sim q) \\ &\equiv p \rightarrow q \end{aligned}$$

그러므로 $p \rightarrow q \equiv p \wedge \sim q \rightarrow c$이므로 배리법을 사용하여, 명제 $p \rightarrow q$를 증명할 수 있음을 알 수 있다.

예제 1 "$p \vee q \Rightarrow r$이고, $s \Rightarrow p \wedge u$이고, $q \vee s$이면 r이다"를 배리법을 이용하여 증명하여라.

증명.....

$$\begin{aligned} \sim r \Rightarrow \sim (p \vee q) &\equiv \sim p \wedge \sim q \\ &\Rightarrow \sim p \qquad \text{(단순화 법칙)} \\ &\Rightarrow \sim q \qquad \text{(단순화 법칙)} \end{aligned}$$

$q \vee s$에서 $\sim q$이므로 s이다. 그리고 $s \Rightarrow p \wedge u$에서, s이므로, $p \wedge u$이다. 여기서 단순화 법칙을 적용하면, p이다. 그러므로, $p \wedge \sim p \equiv c$ 모순명제를 이끌어내므로 배리법으로 이 예제 1은 증명된 것이다.

연습문제..... 1.5

※ 다음 각 논증에 대하여 직접증명과 간접증명을 하고 어느 증명이 더 많은 단계를 거치는지 비교하여라.

1. $A \vee (B \wedge C)$

$B \Rightarrow D$

$C \Rightarrow E$

$D \wedge E \Rightarrow A \vee C$

$\sim A / C$

2. $B \vee (C \Rightarrow E)$

$B \Rightarrow D$

$\sim D \Rightarrow (E \Rightarrow A)$

$\sim D / C \Rightarrow A$

3. $(A \vee B) \Rightarrow (A \Rightarrow D \wedge E)$

$A \wedge C / E \vee F$

4. $A \vee B$

$\sim B \vee C \,/\, A \vee C$

5. $B \vee C \,/\, A \vee C$

$\sim B / \sim C$

6. $A \wedge B \Rightarrow C$

$(A \Rightarrow C) \Rightarrow D$

$\sim B \vee E / B \Rightarrow D \wedge E$

7. 인구가 급속히 증가하고 생산량이 머물러 있으면 물가는 오른다. 물가가 오르면 정부가 통제할 것이다. 내가 부자라면 물가상승을 걱정하지 않을 것이다. 내가 부자가 아니라함은 참이 아니다. 정부가 물가상승을 통제하지 않거나, 나는 물가상승을 걱정한다. 그러므로 인구는 급속히 증가하고 생산량은 그대로 머물러 있다함은 참이 아니다. (P : 인구가 급속히 증가한다. C : 생산량은 그대로 머물러 있다. R : 물가가 오른다. G : 정부가 물가를 통제한다. H : 나는 부자이다. I : 나는 물가상승을 걱정하지 않는다.)

8. Winston 또는 Halbert가 이긴다면 Luke와 Susan은 소리칠 것이다. Susan은 소리치지 않는다. 그러므로 Winston은 이기지 못한다. (W : Winston이 이긴다. H : Halbert가 이긴다. L : Luke가 소리친다. S : Susan이 소리친다.)

9. 내가 이 과목을 신청하여 열심히 공부한다면 좋은 학점을 받을 것이다. 내가 좋은 학점을 받으면 행복할 것이다. 나는 행복하지 않다. 그러므로 나는 이 과목을 신청하지 않았거나 열심히 공부하지 않았다. (E : 나는 이 과목을 신청한다. S : 나는 이 과목을 열심히 공부한다. G : 나는 좋은 학점을 받는다. H : 나는 행복하다.)

2

집합
Set

Set Theory

집합에 관한 일반적인 개념은 중·고등학교 과정에서 배운 것으로 대신하기로 하고, 보다 논리적인 전개에 필요한 정의들을 살펴보기로 하자.

2.1 집합 Set

정의 2.1.1 임의의 두 집합 A, B가 있어서 다음 조건을 만족할 때 A는 B의 **부분집합(subset)**, 또는 B는 A의 **포함집합(superset)**이라고 하고, 기호로 $A \subseteq B$ 또는 $A \subset B$로 나타낸다.

$$[\forall x \in A \Rightarrow x \in B]$$

정리 2.1.2 공집합 $\varnothing$는 모든 집합들의 부분집합이다.

증명

A를 임의의 집합이라 두면 $\varnothing \subseteq A$임을 보이면 된다. 즉, $\forall x \in \varnothing \Rightarrow x \in A$를 보이면 된다. 그런데 $x \in \varnothing$는 공집합 $\varnothing$에 속하는 원소는 존재하지 않으므로, 거짓이다. 반면 $x \in A$는 참이거나 거짓이다. 그러면 $x \in \varnothing$가 거짓이므로, $x \in A$의 참, 거짓에 관계없이, 조건문 $x \in \varnothing \rightarrow x \in A$는 참이다.

그러므로 $\forall x \in \varnothing \Rightarrow x \in A$라고 말할 수 있고, 정의 2.1.1에 의하여 $\varnothing \subseteq A$임을 알 수 있다. ■

정리 2.1.3 임의의 집합 A, B, C에 대하여 $A \subseteq B$, $B \subseteq C$이면 $A \subseteq C$이다.

증명

$\forall x \in A \Rightarrow x \in B$ (왜냐하면, $A \subseteq B$이므로)

$\Rightarrow x \in C$ (왜냐하면, $B \subseteq C$이므로)

그러므로 추이법칙에 따라서, $\forall x \in A \Rightarrow x \in C$이다. ■

정의 2.1.4 두 집합 A, B가 $A \subseteq B$이고, $B \subseteq A$이면, $A = B$로 나타내고, 두 집합 A, B가 **같다(equal)**고 말한다.

즉, $A = B$는 $[x \in A \Leftrightarrow x \in B]$임을 뜻한다.

예제 1 $A \subseteq \varnothing$이면, $A = \varnothing$임을 보여라.

증명.....

정리 2.1.2에 의해서, $\varnothing \subseteq A$이다. 그리고 가정에서 $A \subseteq \varnothing$이므로, 정이 2.1.4에 의해서 $A = \varnothing$임을 알 수 있다.

집합 A의 모든 부분집합들을 원소로 갖는 집합을 집합 A의 멱집합(power set)이라고 하고, $P(A)$로 나타낸다.

예제 2 $A = \{a, b\}$이면 $P(A) = \{\varnothing, \{a\}, \{b\}, A\}$이고, $B = \{a, b, c\}$이면 $P(B) = \{\varnothing, \{a\}, \{b\}, \{c\}, \{a, b\}, \{a, c\}, \{b, c\}, B\}$이다.

예제 2에서 살펴보면, A의 원소의 개수가 2개일 때, $P(A)$의 개수는 $2^2 = 4$개, B의 원소의 개수가 3개이면, $P(B)$는 $2^3 = 8$임을 알 수 있다. 여기서 다음 정리가 성립함을 예측할 수 있다.

정리 2.1.5 집합 A의 원소의 개수가 n개이면, 그 멱집합 $P(A)$의 원소의 개수는 2^n개이다.

증명

$A = \varnothing$이면 A의 원소의 개수는 0개이고, $P(A) = \{\varnothing\}$이므로 $P(A)$의 원소의 개수는 1, 즉 2^0이므로 $A = \varnothing$인 경우는 정리가 성립함을 알 수 있다. 그러면 $A \neq \varnothing$인 경우를 살펴

보자.

$A \neq \varnothing$인 경우 $A = \{a_1,\ a_2,\ \cdots,\ a_n\}$이라 놓자.

$$\begin{array}{ccccccc} a_1\ , & a_2\ , & a_3\ , & \cdots & a_k\ , & \cdots\ , & a_n \\ \boxed{1} & \boxed{0} & \boxed{1} & & \boxed{1} & & \boxed{0} \end{array}$$

위의 그림과 같을 때 A의 부분집합 $B = \{a_1,\ a_3,\ a_k\}$가 되는 것으로 생각하자. 이렇게 생각하면 A의 부분집합을 선택하는 문제는 □, □, □, ⋯, □, ⋯, □ 안에 0, 1 중에 하나를 선택하여, 채우는 문제로 생각할 수 있다. 그러므로 각 원소의 경우에 0, 1 중에서 선택하는 문제는 2가지 경우이고, 원소의 개수가 n개이므로, 가능한 부분집합의 개수는 2^n개이다. 물론 모든 것을 0으로 선택했을 때가 $\varnothing$이 된다. ■

연습문제..... 2.1

1. 단어 'cataract'를 적는 데 필요한 알파벳의 집합과 단어 'tract'를 적는 데 필요한 알파벳의 집합은 같다. 이 사실을 보여라.

2. 다음 집합 중 어느 것이 어느 것의 부분집합인가를 정하여라.
   (a) $A = \{x^2 - 8x + 17 = 0$을 만족시키는 모든 실수 $x\}$
   (b) $B = \{2,\ 4,\ 6\}$
   (c) $C = \{2,\ 4,\ 6,\ 8,\ \cdots\}$
   (d) $D = \{6\}$

3. 집합 $\{-1,\ 0,\ 1\}$의 부분집합을 모두 열거하여라.

4. 다음이 성립함을 증명하여라.

$$[(A \subset B) \wedge (B \subset C)] \Rightarrow (A \subset C)$$

5. 다음 명제가 참인지 거짓인지를 정하여라. 그것이 참이면 증명을 하고 거짓이면 보기를 들어 반증을 하여라. [명제를 반증하는 보기를 반례(counterexample)라고 한다.]
   (a) $x \in A$이고 $A \in B$이면 $x \in B$
   (b) $A \subseteq B$이고 $B \in C$이면 $A \in C$
   (c) $A \nsubseteq B$이고 $B \subseteq C$이면 $A \nsubseteq C$
   (d) $A \nsubseteq B$이고 $B \nsubseteq C$이면 $A \nsubseteq C$
   (e) $x \in A$이고 $A \nsubseteq B$이면 $x \notin B$
   (f) $A \subseteq B$이고 $x \notin B$이면 $x \notin A$

6. 원소가 n개인 주어진 집합에 대하여 r개의 원소를 지닌 부분집합의 수는 꼭 $\mathrm{C}(n,\ r)$임을 증명하여라.

2.2 합집합 Union 과 교집합 Intersection

정의 2.2.1 임의의 두 집합 A, B에 대하여 A 또는 B에 속하는 모든 원소로 이루어진 집합을 A와 B의 **합집합(union)**이라고 하고, $A \cup B$로 나타낸다. 즉, $A \cup B = \{x \mid x \in A \vee x \in B\}$.

정의 2.2.2 임의의 두 집합 A, B에 대하여, A에도 속하고, 동시에 B에도 속하는 모든 원소로 이루어진 집합을 A와 B의 **교집합(intersection)**이라 하고, $A \cap B$로 나타낸다.

즉 $A \cap B = \{x \mid x \in A \wedge x \in B\}$. 특히 $A \cap B = \varnothing$일 때, A와 B는 **서로 만나지 않는다(disjoint)**고 한다.

수학에서 자주 사용하는 집합의 표시들을 알아보자.

$\mathbb{R} = \{x \mid x$는 실수이다.$\}$ $\qquad \mathbb{Q} = \{x \mid x$는 유리수이다.$\}$

$\mathbb{Z} = \{x \mid x$는 정수이다.$\}$ $\qquad \mathbb{N} = \{x \mid x$는 자연수이다.$\}$

$I = \{x \in \mathbb{R} \mid 0 \le x \le 1\}$ $\qquad \mathbb{R}_+ = \{x \in \mathbb{R} \mid x > 0\}$

예제 1 위에서 정의된 집합 I, $\mathbb{N}$, $\mathbb{Z}$, $\mathbb{Q}$에 대하여 다음이 성립한다.

(a) $I \cap \mathbb{Z} = \{0, 1\}$, $\mathbb{N} \cap I = \{1\}$, $I \cup I = I$, $I \cap I = I$

(b) $\mathbb{Z} \cup \mathbb{Q} = \mathbb{Q}$, $\mathbb{Z} \cap \mathbb{Q} = \mathbb{Z}$

정리 2.2.3 집합 X의 부분집합 A, B, C에 대하여 다음이 성립한다.

(a) **항등법칙** $A \cup \varnothing = A$, $A \cap X = A$

(b) **멱등법칙**(idempotent laws) $A \cup A = A$, $A \cap A = A$

(c) **교환법칙**(commutative laws) $A \cup B = B \cup A$, $A \cap B = B \cap A$

(d) **결합법칙**(associative laws)

$$A \cup (B \cup C) = (A \cup B) \cup C, \quad A \cap (B \cap C) = (A \cap B) \cap C$$

(e) **분배법칙**(distributive laws)

$$A \cap (B \cup C) = (A \cap B) \cup (A \cap C),$$
$$A \cup (B \cap C) = (A \cup B) \cap (A \cup C)$$

증명

(a)의 증명 : 두 집합 $A \cup \varnothing$와 A가 같다는 것을 보이기 위해서는 정의 2.1.4를 충족함을 보여야 한다. 그러면

$$\forall x \in A \cup \varnothing \Leftrightarrow x \in A \vee x \in \varnothing$$
$$\Leftrightarrow x \in A (x \in \varnothing \text{는 모순명제, 정리 1.3.2(b)})$$

이므로, $A \cup \varnothing = A$이다.

(b), (c), (d)의 증명은 생략하고, (e)의 첫 번째 증명만 살펴보자.

(e)의 증명 :

$$\begin{aligned}\forall x \in A \cap (B \cup C) &\Leftrightarrow x \in A \wedge x \in (B \cup C) \\ &\Leftrightarrow x \in A \wedge (x \in B \vee x \in C) \\ &\Leftrightarrow (x \in A \wedge x \in B) \vee (x \in A \wedge x \in C) \quad \text{(논리의 분배법칙)} \\ &\Leftrightarrow x \in (A \cap B) \vee x \in (A \cap C) \\ &\Leftrightarrow x \in (A \cap B) \cup (A \cap C)\end{aligned}$$ ■

연습문제..... 2.2

1. 집합 $\{x, \{y, z\}\}$의 멱집합을 나타내어라. 그 멱집합의 원소의 수는 얼마인가?

2. 집합 A의 부분집합 B에 대하여,

$$P(A:B) = \{X \in P(A) \mid X \supseteq B\}$$

라고 하자.

(a) $A = \{a, b, c, d, e\}$, $B = \{a, b\}$일 때 집합 $P(A:B)$를 원소나열법으로 나타내어라. 그 원소의 수는 얼마인가?

(b) $P(A:\varnothing) = P(A)$임을 보여라.

3. n개의 원소를 지닌 집합 A의 부분집합 B의 원소는 m개 $(n \geq m)$이다.

(a) 집합 $P(A:B)$의 원소의 수를 구하여라.

(b) (a)에서 $B = \varnothing$이라 놓고 정리 2.1.5를 유도하여라.

4. $A \subseteq B \Leftrightarrow A \cup B = B$임을 증명하여라.

5. $A \subseteq B \Leftrightarrow A \cap B = A$임을 증명하여라.

6. 정리 2.2.3의 (b)의 첫 번째 것을 증명하여라.

7. 정리 2.2.3의 (c)의 두 번째 것을 증명하여라.

8. 정리 2.2.3의 (d)의 두 번째 것을 증명하여라.

9. 다음을 증명하여라.

(a) $(A \subseteq C) \wedge (B \subseteq C)$는 $(A \cup B) \subseteq C$를 함의한다.

(b) $(A \subseteq B) \wedge (A \subseteq C)$는 $A \subseteq (B \cup C)$를 함의한다.

10. $(A \cap B) \cup C = A \cap (B \cup C) \Leftrightarrow C \subseteq A$임을 증명하여라.

11. $A \subseteq B$이면 $P(A) \subseteq P(B)$이다. 이것을 증명하여라.

12. $A \cup B = A \cap B \Leftrightarrow A = B$임을 증명하여라.

13. 임의의 집합 C에 대하여 $A \subseteq B$이면,

$$A \cup C \subseteq B \cup C, \quad A \cap C \subseteq B \cap C$$

이다. 이것을 각각 증명하여라.

14. $A \subseteq C$이고 $B \subseteq D$이면 $A \cup B \subseteq C \cup D$이다. 이것을 증명하여라.

2.3 차집합 Complement

정의 2.3.1 집합 X의 부분집합 A, B가 있을 때,

$$\{x \in A \mid x \notin B\}$$

를 $A-B$로 나타내고 A에 대한 B의 **차집합**(또는 **여집합**)이라고 한다. $X-A=\{x \in X \mid x \notin A\}$를 A^c 또는 A'로 나타내기도 한다. 이때는 X에 대한 A의 여집합인 경우는 간단히 **A의 여집합**이라고 한다.

예제 1 $A=\{a, b, c, d\}$, $B=\{a, b, e, f\}$일 때,

$$A-B=\{c, d\}, \quad A-(A \cap B)=\{c, d\}$$

이다. 즉 $A-B$와 $A-(A \cap B)$는 결과적으로 같음을 알 수 있다. 그러므로, 만일 $A \cap B=\varnothing$이면 $A-B$는 A와 같음을 알 수 있다.

정리 2.3.2 집합 X의 임의의 두 집합 A, B에 대하여 다음이 성립한다.

(i) $(A^c)^c=A$

(ii) $\varnothing^c=X$, $X^c=\varnothing$

(iii) $A \cap A^c=\varnothing$, $A \cup A^c=X$

(iv) $A \subseteq B \Leftrightarrow B^c \subseteq A^c$

증명

(i) $\forall x \in (A^c)^c \Leftrightarrow x \in X \wedge x \notin A^c$

$$\Leftrightarrow x \in X \wedge x \notin (X-A)$$

$$\Leftrightarrow x \in X \wedge (x \notin X \vee x \in A)$$

($x \in X$는 항진명제 t, $s \notin X$는 모순명제 c)

$\Leftrightarrow t \wedge (c \vee x \in A)$

$\Leftrightarrow c \vee x \in A$

$\Leftrightarrow x \in A$

그러므로 $(A^c)^c = A$이다.

(ii) (iii)의 증명은 생략한다.

(iv)의 증명 : 이 명제의 증명은 특수한 경우로 서로 대우명제 관계에 있는 것을 알 수 있다. 즉,

$$(x \in A \Rightarrow x \in B) \equiv (x \notin B \Rightarrow x \notin A)$$

이므로, 이것을 바꾸어 말하면, $A \subseteq B \Leftrightarrow B^c \subseteq A^c$임을 알 수 있다. ■

정리 2.3.3 De Morgan's Theorem

임의의 집합 X에 대하여, 그 부분집합 A, B가 있을 때 다음이 성립한다.

(i) $(A \cup B)^c = A^c \cap B^c$

(ii) $(A \cap B)^c = A^c \cup B^c$

증명

(i) $\forall x \in (A \cup B)^c \Leftrightarrow x \notin A \cup B$

$\Leftrightarrow x \notin A \wedge x \notin B$

$\Leftrightarrow x \in A^c \wedge x \in B^c$

$\Leftrightarrow x \in A^c \cap B^c$

(ii) $\forall x \in (A \cap B)^c \Leftrightarrow x \notin A \cap B$

$\Leftrightarrow x \notin A \vee x \notin B$

$\Leftrightarrow x \in A^c \vee x \in B^c$

$\Leftrightarrow x \in A^c \cup B^c$ ■

연습문제..... 2.3

1. 임의의 집합 A, B에 대하여 $A-B=A-(B\cap A)$임을 증명하여라.

2. 정리 2.3.2의 (ii), (iii)를 차례로 증명하여라.

3. 임의의 집합 A, B에 대하여 $A\cap B=\varnothing$일 필요충분조건은 $B\subseteq A^c$이다. 이것을 증명하여라.

4. 임의의 집합 A, B에 대하여 $B\subseteq A$일 필요충분조건은

$$(A-B)\cup B=A$$

이다. 이것을 증명하여라.

5. 임의의 세 집합 A, B, C에 대하여 다음이 성립함을 증명하여라.

(a) $(A-C)\cup(B-C)=(A\cup B)-C$

(b) $(A-C)\cap(B-C)=(A\cap B)-C$

6. 임의의 두 집합 A, B에 대하여 A와 $B-A$는 서로소이고,

$$(A\cup B)=A\cup(B-A)$$

이다. 이것을 각각 증명하여라. (이 사실은 $A\cup B$를 서로소인 두 집합의 합집합으로 나타낼 수 있는 방법을 보여 주고 있다.)

7. 임의의 세 집합 A, B, C에 대하여 다음이 성립함을 증명하여라.

(a) $(A\cap B\cap C)^c=A^c\cup B^c\cup C^c$

(b) $(A\cup B\cup C)^c=A^c\cap B^c\cap C^c$

이 결과를 n개의 집합 A_1, A_2, A_3, $\cdots$, A_n으로 일반화하여라.

8. 임의의 집합 A, B에 대하여 다음을 증명하거나 반증하여라.

(a) $P(A) \cap P(B) = P(A \cap B)$

(b) $P(A) \cup P(B) = P(A \cup B)$

9. 세 집합 A, B, C에 대하여,

$$A \subseteq C, \quad B \subseteq C, \quad A \cup B = C, \quad A \cap B = \varnothing$$

이면, $A = C - B$이다. 이것을 증명하여라.

10. 임의의 두 집합 A, B에 대하여 다음이 성립함을 증명하여라.

$$(A - B) \cup (B - A) = (A \cup B) - (A \cap B)$$

2.4 첨자 집합들 Indexed Sets

여러 개의 집합을 나타내기 위하여 집합 A_α, A_β, A_γ, $\cdots$ 등과 같이 첨자 α, β, γ, $\cdots$ 들을 붙여서 나타내기도 한다. 이때,

$$\Gamma = \{\alpha,\ \beta,\ \gamma,\ \cdots\}$$

를 **첨자집합(index set)**이라 하고, 집합 A_α, A_β, A_γ, $\cdots$ 들을 모아 놓은 것을 $\{A_\gamma \mid \gamma \in \Gamma\}$로 나타내고, 이것을 **집합족(a family of sets)**이라고 부른다.

예제 1 $A_1 = \{1,\ 10\}$, $A_2 = \{2,\ 4,\ 6,\ 10\}$, $A_3 = \{3,\ 6,\ 9\}$, $A_4 = \{4,\ 8\}$, $A_5 = \{5,\ 6,\ 10\}$이라 하면 첨자집합은 $\Gamma = \{1,\ 2,\ 3,\ 4,\ 5\}$가 되고, 집합족은 $\{A_1,\ A_2,\ A_3,\ A_4,\ A_5\} = \{A_\gamma \mid \gamma \in \Gamma\}$로 나타낼 수 있다. 또는, $\{A_\gamma\}_{\gamma \in \Gamma}$라고 나타내기도 한다.

정의 2.4.1 집합족 $\mathscr{F} = \{A_\gamma \mid \gamma \in \Gamma\}$이 있을 때,

$$\{x \mid \text{어떤 } A_\gamma\text{에 대하여 } x \in A_\gamma\}$$

를 $\bigcup_{A \in \mathscr{F}} A$로 나타내고, $\mathscr{F}$ 안에 있는 집합들 전체의 합집합이라고 한다. 이것을 때로는, $\bigcup_{\gamma \in \Gamma} A_\gamma$ 또는 $\bigcup \mathscr{F}$로 나타내기도 한다.

예제 2 $A_1 = \{1,\ 10\}$, $A_2 = \{2,\ 4,\ 6,\ 10\}$, $A_3 = \{3,\ 6,\ 9\}$, $A_4 = \{4,\ 8\}$, $A_5 = \{5,\ 6,\ 10\}$, $\Gamma = \{2,\ 3,\ 5\}$라 두면, $\bigcup_{\gamma \in \Gamma} A_\gamma = \{2,\ 4,\ 6,\ 10,\ 3,\ 9,\ 5\}$이다.

정의 2.4.2 집합족 $\mathscr{F} = \{A_\gamma \mid \gamma \in \Gamma\}$이 있을 때,

$$\{x \mid \text{모든 } A_\gamma\text{에 대하여 } x \in A_\gamma\}$$

를 $\bigcap_{A \in \mathscr{I}} A$로 나타내고, $\mathscr{I}$에 속하는 집합전체의 교집합이라고 한다. 이것을 때로는, $\bigcap_{\gamma \in \Gamma} A_\gamma$ 또는 $\bigcap \mathscr{I}$로 나타내기도 한다.

예제 3 $A_n = \left[0, \dfrac{1}{n}\right]$이라 하고, 첨자집합을 자연수 전체집합 $\mathbb{N}$이라 하면, $\bigcap_{n \in \mathbb{N}} A_n = \{0\}$이다.

풀이.....

만약 실수 $x > 0$가, $x \in \bigcap_{n \in \mathbb{N}} A_n$이라고 가정하자. 그러면, x는 모든 A_n에 대하여, $x \in A_n$이 된다. 즉, 모든 $n \in \mathbb{N}$에 대하여, $0 < x < \dfrac{1}{n}$이다. 이 부등식을 다시 정리하면, 모든 $n \in \mathbb{N}$에 대하여, $n < \dfrac{1}{x}$.이다. 다시 말하면, 모든 자연수 n이 $\dfrac{1}{x}$보다 작다는 모순에 봉착한다. 그러므로, $\bigcap_{n \in \mathbb{N}} A_n = \{0\}$이다.

정리 2.4.3 집합 X에 대하여, 그 부분집합들 A_γ의 집합족 $\{A_\gamma \mid \gamma \in \Gamma\}$에 대하여, 첨자집합이 $\Gamma = \varnothing$이면, 다음이 성립한다.

(i) $\bigcup_{\gamma \in \varnothing} A_\gamma = \varnothing$

(ii) $\bigcap_{\gamma \in \varnothing} A_\gamma = X$

증명

(i) 두 집합 $\bigcup_{\gamma \in \varnothing} A_\gamma$과 $\varnothing$가 같다는 것을 보이기 위하여 서로의 포함관계를 보이면 된다.

$\varnothing \subseteq \bigcup_{\gamma \in \varnothing} A_\gamma$는 앞의 정리에서 증명되었다. 이제 $\bigcup_{\gamma \in \varnothing} A_\gamma \subseteq \varnothing$를 보이도록 하자. 즉,

$$\forall x \in \bigcup_{\gamma \in \varnothing} A_\gamma \Rightarrow x \in \varnothing$$

를 보이면 된다. 그런데 우리는 위 명제의 대우 명제를 보이도록 하자. $x \notin \varnothing \Rightarrow$

$x \notin \bigcup_{\gamma \in \varnothing} A_\gamma$를 보이자. $x \notin \varnothing$는 항진 명제이므로 $x \notin \bigcup_{\gamma \in \varnothing} A_\gamma$가 참임을 보이면 된다. 한편,

$$\begin{aligned} x \notin \bigcup_{\gamma \in \varnothing} A_\gamma &\equiv \sim\left(x \in \bigcup_{\gamma \in \varnothing} A_\gamma\right) \\ &\equiv \sim(\exists \gamma \in \varnothing,\ x \in A_\gamma) \\ &\equiv \forall \gamma \in \varnothing,\ x \notin A_\gamma \\ &\equiv (\gamma \in \varnothing \Rightarrow x \notin A_\gamma) \end{aligned}$$

여기서 $\gamma \in \varnothing$는 거짓인 명제이므로 $x \notin A_\gamma$의 참, 거짓에 상관없이 $(\gamma \in \varnothing \Rightarrow x \notin A_\gamma)$는 참인 명제이다.

(ii) $\bigcap_{\gamma \in \varnothing} A_\gamma \subseteq X$는 자명하다. 다음으로 $X \subseteq \bigcap_{\gamma \in \varnothing} A_\gamma$를 보이자. 즉, $\forall x \in X$에 대하여, $x \in \bigcap_{\gamma \in \varnothing} A_\gamma$을 보이자. 그런데,

$$\begin{aligned} x \in \bigcap_{\gamma \in \varnothing} A_\gamma &\equiv x \in A_\gamma,\ \forall \gamma \in \varnothing \\ &\equiv (\gamma \in \varnothing \Rightarrow x \in A_\gamma) \end{aligned}$$

이다. 여기서 $\gamma \in \varnothing$는 거짓인 명제이므로 $x \in A_\gamma$의 참, 거짓에 상관없이 $(\gamma \in \varnothing \Rightarrow x \in A_\gamma)$는 참인 명제이다. 그러므로 이와 동치인 $x \in \bigcap_{\gamma \in \varnothing} A_\gamma$도 참이다. ■

정리 2.4.4 임의의 집합 X의 부분집합족 $\{A_\gamma \mid \gamma \in \Gamma\}$에 대하여, 다음이 성립한다.

(i) $\left(\bigcup_{\gamma \in \Gamma} A_\gamma\right)^c = \bigcap_{\gamma \in \Gamma} A_\gamma^c$

(ii) $\left(\bigcap_{\gamma \in \Gamma} A_\gamma\right)^c = \bigcup_{\gamma \in \Gamma} A_\gamma^c$

증명

(i), (ii)의 증명이 비슷하므로, (ii)의 증명을 살펴보자.

$$\begin{aligned} x \in \left(\bigcap_{\gamma\in\Gamma} A_\gamma\right)^c &\equiv \sim\left(x \in \bigcap_{\gamma\in\Gamma} A_\gamma\right) \\ &\equiv \sim(\forall \gamma \in \Gamma,\ x \in A_\gamma) \\ &\equiv \exists \gamma \in \Gamma,\ x \notin A_\gamma \\ &\equiv \exists \gamma \in \Gamma,\ x \in A_\gamma^c \\ &\equiv x \in \bigcup_{\gamma\in\Gamma} A_\gamma^c \end{aligned}$$

■

정리 2.4.5 임의의 집합 X와 임의의 집합족 $\{B_\gamma \mid \gamma \in \Gamma\}$에 대하여, 다음 분배법칙이 성립한다.

(i) $X \cap \left(\bigcup_{\gamma\in\Gamma} B_\gamma\right) = \bigcup_{\gamma\in\Gamma} (X \cap B_\gamma)$

(ii) $X \cup \left(\bigcap_{\gamma\in\Gamma} B_\gamma\right) = \bigcap_{\gamma\in\Gamma} (X \cup B_\gamma)$

증명

(i)
$$\begin{aligned} x \in X \cap \left(\bigcup_{\gamma\in\Gamma} B_\gamma\right) &\equiv x \in X \wedge x \in \bigcup_{\gamma\in\Gamma} B_\gamma \\ &\equiv x \in X \wedge \text{어떤 } \gamma \in \Gamma\text{에 대하여, } x \in B_\gamma \\ &\equiv \text{어떤 } \gamma \in \Gamma\text{에 대하여, } x \in X \cap B_\gamma \\ &\equiv x \in \bigcup_{\gamma\in\Gamma} (X \cap B_\gamma) \qquad \text{(정의 2.4.1)} \end{aligned}$$

(ii)는 (i)과 같은 방법으로 증명된다. ■

연습문제..... 2.4

1. $\Gamma = \{1, 2, 3, 4\}$이고, $A_1 = \{a, b, c, d\}$, $A_2 = \{b, c, d\}$, $A_3 = \{a, b, c\}$, $A_4 = \{a, b\}$일 때, 다음을 구하여라.

(a) $\bigcup_{i=1}^{4} A_i$ (b) $\bigcap_{i=1}^{4} A_i$

2. 임의의 두 실수 a, b에 대하여 폐구간(closed interval)$[a, b]$는 집합 $\{x \in \mathbb{R} \mid a \leq x \leq b\}$을 뜻한다. 여기서 $a > b$이면 $[a, b] = \varnothing$으로 정한다. 다음 집합을 구하여라.

(a) $\bigcap_{n \in \mathbb{N}} \left[0, \frac{1}{n}\right]$

(b) $\bigcup_{n \in \mathbb{N}} \left[0, \frac{1}{n}\right]$

(c) $\bigcap_{n=1}^{99} \left[0, \frac{1}{n}\right]$

3. 정리 2.4.4의 (ⅰ)을 증명하여라.

4. 정리 2.4.5의 (ⅱ)를 증명하여라.

5. 다음 (a)는 교집합들의 합집합으로, (b)는 합집합들의 교집합으로 각각 전개하여라.

(a) $(A_1 \cup A_2) \cap (B_1 \cup B_2 \cup B_3)$

(b) $(A_1 \cap A_2) \cup (B_1 \cap B_2 \cap B_3)$

6. 다음 (a)는 교집합들의 합집합으로, (b)는 합집합들의 교집합으로 각각 전개하여라.(문제 5 참조)

(a) $\left(\bigcup_{i=1}^{m} A_i\right) \cap \left(\bigcup_{j=1}^{m} B_j\right)$

(b) $\left(\bigcap_{i=1}^{m} A_i\right) \cup \left(\bigcap_{j=1}^{m} B_j\right)$

7. 임의의 두 집합족 $\{A_\gamma \mid \gamma \in \Gamma\}$, $\{B_\delta \mid \delta \in \Delta\}$에 대하여 다음 (a)는 교집합들의 합집합으로, (b)는 합집합들의 교집합으로 각각 전개하여라. (문제 5, 6 참조)

(a) $\left(\bigcup_{\gamma \in \Gamma} A_\gamma\right) \cap \left(\bigcup_{\delta \in \Delta} B_\delta\right)$

(b) $\left(\bigcap_{\gamma \in \Gamma} A_\gamma\right) \cup \left(\bigcap_{\delta \in \Delta} B_\delta\right)$

3

관계

Relation

3.1 순서쌍 Ordered Pair

첫 번째 원소를 나타내는 원소 a와 두 번째 원소를 나타내는 원소 b를 (a, b)로 나타내고, 이것을 **순서쌍(ordered pair)** a, b라고 읽는다. 그러나 개구간(open interval)을 나타내기 위하여 (a, b)로 쓰는 경우와 구별하기 위하여 순서쌍 (a, b)를 $a\times b$로 쓰는 경우도 있는데, 대부분 문맥상에서 어렵지 않게 구별할 수 있다.

그리고 두 순서쌍 (a, b)와 (c, d)가 있어서 $a=c$이고 $b=d$인 경우에 $(a, b)=(c, d)$라고 한다.

예제 1 $(2, 3)\neq(3, 2)$이다. 왜냐하면 첫 번째 원소 2와 3이 다르고, 또한 두 번째 원소 3과 2가 다르기 때문이다. 그리고 $\{2, 3\}$은 순서쌍이 아니다. 왜냐하면 첫 번째 원소와 두 번째 원소의 구별이 안 되기 때문이다.

정의 3.1.1 임의의 두 집합 A, B에 대하여, $a\in A$, $b\in B$인 모든 순서쌍 (a, b)들의 집합을 $A\times B$로 나타내고, A와 B의 **카티시안 곱(Cartesian Product)**이라고 부른다. 즉,

$$A\times B=\{(a, b)\mid a\in A,\ b\in B\}$$

예제 2 $A=\{1, 2, 3\}$, $B=\{a, b\}$이면

$$A\times B=\{(1, a), (1, b), (2, a), (2, b), (3, a), (3, b)\}$$
$$B\times A=\{(a, 1), (a, 2), (a, 3), (b, 1), (b, 2), (b, 3)\}$$

이다. 따라서 $A\times B\neq B\times A$임을 알 수 있다.

정리 3.1.2 집합 A, B, C, D에 대하여, 다음이 성립한다.

(i) $A\times(B\cap C)=(A\times B)\cap(A\times C)$

(ii) $A\times(B\cup C)=(A\times B)\cup(A\times C)$

(iii) $(A\times B)\cap(C\times D)=(A\cap C)\times(B\cap D)$

증명

(ii) $(x,\ y)\in A\times(B\cup C)\Leftrightarrow x\in A\wedge y\in B\cup C$

$\Leftrightarrow x\in A\wedge(y\in B\vee y\in C)$

$\Leftrightarrow(x\in A\wedge y\in B)\vee(x\in A\wedge y\in C)$

$\Leftrightarrow(x,\ y)\in A\times B\vee(x,y)\in A\times C$

$\Leftrightarrow(x,\ y)\in(A\times B)\cup(A\times C)$

(iii) $(x,\ y)\in(A\times B)\cap(C\times D)\Leftrightarrow(x,\ y)\in A\times B\wedge(x,\ y)\in C\times D$

$\Leftrightarrow x\in A\wedge y\in B\wedge x\in C\wedge y\in D$

$\Leftrightarrow x\in A\cap C\wedge y\in B\cap D$ (논리의 교환법칙)

$\Leftrightarrow(x,\ y)\in(A\cap C)\times(B\cap D)$ ■

정리 3.1.3 (iii)을 그림으로 살펴보면 더욱 분명히 알 수가 있다(그림 3.1.1).

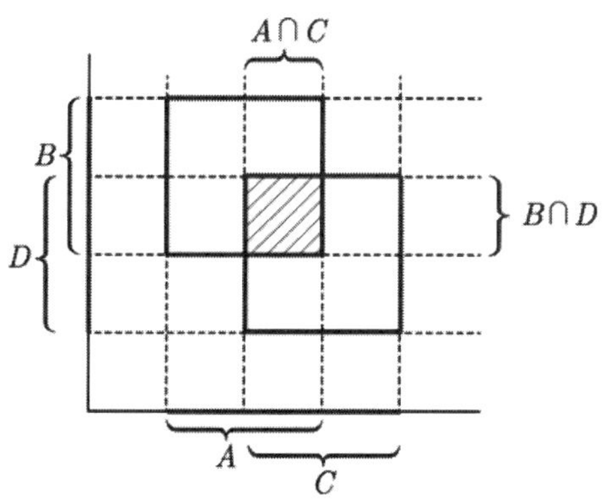

그림 3.1.1

정리 3.1.4 집합 A, B, C에 대하여

$$A\times(B-C)=(A\times B)-(A\times C)$$

이다.

증명

$$
\begin{aligned}
(x,\ y) \in A \times (B - C) &\equiv x \in A \wedge y \in B - C \\
&\equiv x \in A \wedge y \in B \wedge y \notin C \\
&\equiv x \in A \wedge x \in A \wedge y \in B \wedge y \notin C && \text{(논리의 멱등법칙)} \\
&\equiv (x \in A \wedge y \in B) \wedge (x \in A \wedge y \notin C) && \text{(논리의 교환법칙)} \\
&\equiv (x,\ y) \in A \times B \wedge (x,\ y) \notin A \times C \\
&\equiv (x,\ y) \in (A \times B) - (A \times C)
\end{aligned}
$$

■

연습문제..... 3.1

1. 두 집합 A, B에 대하여 어떤 조건하에 $A\times B = B\times A$가 참이겠는가?

2. 정리 3.1.2 (i)인 $A\times(B\cap C) = (A\times B)\cap(A\times C)$를 증명하여라.

3. $A\times B = \varnothing \Leftrightarrow A = \varnothing \vee B = \varnothing$임을 증명하여라.

4. 집합 A, B, C에 대하여 $A\subseteq B$이면 $A\times C\subseteq B\times C$임을 증명하여라.

5. 집합 A, B의 원소가 각각 m, n개일 때 $A\times B$의 원소(순서쌍)는 몇 개인가?

6. 원소가 모두 9개인 카티시안 곱 $A\times A$에는 $(-1,\ 0)$, $(0,\ 1)$이 각각 속해 있다. 이 집합의 나머지 원소와 집합 A를 구하여라.

7. 다음 각 명제를 증명 또는 반증(반례를 듦으로써) 하여라.

(a) $A\subseteq C$이고 $B\subseteq D \Leftrightarrow A\times B\subseteq C\times D$

(b) $A\times B$의 멱집합 $P(A\times B)$는 멱집합 $P(A)$와 $P(B)$의 카티시안 곱 $P(A)\times P(B)$와 같다.

(c) $(A\times B)\cup(C\times D) = (A\cup C)\times(B\cup D)$

8. 정의 3.1.1을 세 집합의 카티시안 곱 $A_1\times A_2\times A_3$으로 확장할 수 있는가? 또한 정의 3.1.1을 n개의 집합의 카티시안 곱 $A_1\times A_2\times\cdots\times A_n$으로 일반화할 수 있는가?

9. 순서쌍 $(x,\ y)$를 집합 $\{\{x\},\ \{x,\ y\}\}$로 정의한다. 이 정의에 의하면 $a=c$이고 $b=d$ $\Leftrightarrow (a,\ b)=(c,\ d)$인 것을 증명하여라.

3.2 관계 Relation

어떤 가축들의 집합을 A, 어떤 사람들의 집합을 B고 하자. 가축 $a \in A$의 주인이 어떤 사람 $b \in B$일 때, 순서쌍 (a, b)로 나타내기로 하자. 이런 순서쌍들의 집합 R, 즉 $R = \{(a, b) \mid a$의 주인이 b일 때$\}$이면, $R \subseteq A \times B$임을 알 수 있다. 이와 같이 가축과 사람의 주인 '관계'를 나타내면, $A \times B$의 어떤 부분집합을 이룸을 알 수 있다. 그래서 관계의 정의를 다음과 같이 하기로 하자.

정의 3.2.1 집합 A, B가 있을 때, $A \times B$의 어떤 부분집합 R을 집합 A에서 집합 B로의 하나의 **관계(relation)**라고 한다. 즉,

$$R \subseteq A \times B$$

특히, 집합 A, B가 같은 집합 X일 때 집합 X에서 집합 X로의 말 대신에 간단히, **집합 X 위에서의 하나의 관계 R**이라고 말한다.

예제 1 $A = \{a, b, c, d\}$를 남자 a, b, c, d로 이루어진 남자들의 집합이라 하고, $B = \{x, y, z\}$를 여자 x, y, z로 이루어진 여자들의 집합이라 하자. 그런데, a와 y, c와 z, d와 x가 부부 사이이면, 이들 부부 사이를 각각 순서쌍 (a, y), (c, z), (d, x)로 나타내고 이들을 모은 집합을 $R = \{(a, y), (c, z), (d, x)$로 하면 R은 $A \times B$의 부분집합, 즉 $R \subseteq A \times B$이 된다. 그러므로 이 R은 집합 A에서 집합 B로의 하나의 관계이다.

정의 3.2.2 집합 A에서 집합 B로의 하나의 관계 R이 있을 때, $\{(b, a) \mid (a, b) \in R\}$를 R^{-1}로 표시하고, R^{-1}를 R의 **역관계(inverse relation)**라고 한다. 즉, $R^{-1} = \{(b, a) \mid (a, b) \in R\}$.

예제 2 $A = \{a, b, c\}$, $B = \{x, y, z\}$일 때, $R = \{(b, z), (c, x)\}$이면, $R^{-1} = \{(z, b), (x, c)\}$이다.

정의 3.2.3 R이 집합 A에서 집합 B로의 하나의 관계라 하자.

$$\mathrm{Dom}(R) = \{a \in A \mid (a, b) \in R \text{ for some } b \in B\}$$
$$\mathrm{Im}(R) = \{b \in B \mid (a, b) \in R \text{ for some } b \in B\}$$

$\mathrm{Dom}(R)$를 R의 정의역(domain), $\mathrm{Im}(R)$를 R의 **상(image)**이라고 한다.

예제 3 위의 예제 2에서, $\mathrm{Dom}(R) = \{b, c\}$이고, $\mathrm{Im}(R) = \{x, z\}$이다.

정의 3.2.4 집합 X 위에서의 하나의 관계 R이 있을 때,

(i) R이 **반사적(reflexive)**이다. $\forall x \in X$, $(x, x) \in R$

(ii) R이 **대칭적(symmetRic)**이다. $(x, y) \in R \Rightarrow (y, x) \in R$

(iii) R이 **추이적(transitive)**이다. $(x, y) \in R \wedge (y, z) \in R \Rightarrow (x, z) \in R$

(iv) R이 **동치관계(equivalence relation)**이다.

$\Leftrightarrow$ R이 **반사적**이고, **대칭적**이고, **추이적**인 조건 모두를 만족한다.

예제 4 $X = \{1, 2, 3, 4\}$, $R_1 = \{(1, 1), (2, 4), (3, 3), (4, 4)\}$이라 하면, R_1은 X 위에서의 관계이다. 그러나 R_1은 반사적이지 않다. 왜냐하면, $(2, 2) \notin R_1$이기 때문이다.

$R_2 \{(1, 3), (4, 2), (2, 4), (2, 3), (4, 4)\}$은 대칭적이지 않다. 왜냐하면, $(2, 3) \in R_2$이지만 $(3, 2) \notin R_2$이기 때문이다.

예제 5 X를 평면상에 있는 삼각형들 전체의 집합이라고 하자.

$$R = \{(x, y) \mid x\text{와 } y\text{가 닮은 삼각형}\}$$

이라 두면, R은 반사적이다. 왜냐하면, 모든 평면 위의 삼각형을 자기 자신

과 닮은 삼각형이라 말할 수 있기 때문이다. 또한 R은 대칭적이기도 하고, 추이적이기도 하다. 그러므로 R은 동치관계가 된다.

예제 6 X를 지구상에 사는 모든 사람들의 집합이라 하자.

$$R = \{(x,\ y) \mid x\text{와 } y\text{가 사랑한다.}\}$$

라 두면, x가 y를 사랑하고, y가 z를 사랑한다 할지라도, x가 z를 반드시 사랑한다는 보장이 없다. 그러므로 $(x,\ y) \in R$, $(y,\ x) \in R$이지만, $(x,\ z) \in R$이라고 말할 수 없다. 따라서 R은 추이적이 아니다.

예제 7 X를 실수 전체의 집합이라 하자. $R = \{(x,\ y) \mid x > y\}$라 두면, R은 추이적(transitive)이다.

예제 8 X를 집합들의 모임인, 하나의 집합족이라 하자.

$$R = \{(A,\ B) \mid A \subseteq B\}$$

라 두면, R은 추이적(transitive)이다. 왜냐하면, $A \subseteq B$이고, $B \subseteq C$이면, $A \subseteq C$이기 때문이다.

관계를 좌표평면 위에서 설명해보라. X를 실수의 부분집합인 폐구간 $[a,\ b]$라고 하면, $X \times X$의 부분집합인 관계 R은 다음 그림과 같다(그림 3.2.1).

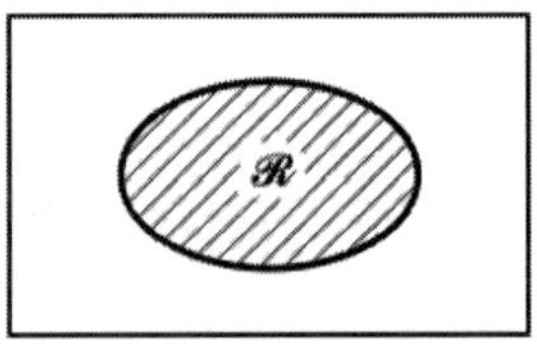

그림 3.2.1

위의 그림에서 R이 반사적(reflsitive)이기 위해서는 다음 그림처럼 대각선을 포함하는 모양이 되어야 하고(그림 3.2.2), 대칭적(symmetric)이기 위해서는 R의 모양이 $y = x$에 대칭인 모양이 되어야 한다(그림 3.2.3).

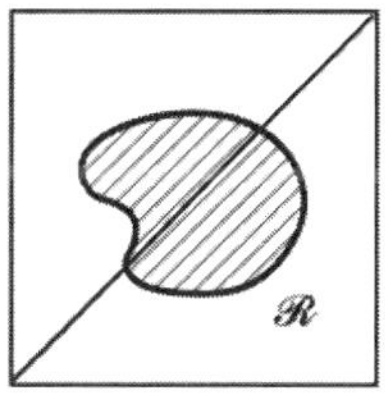

그림 3.2.2

R은 반사적이다.

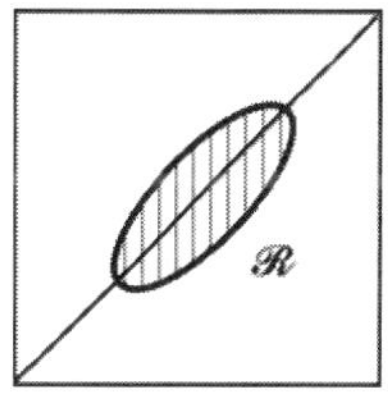

그림 3.2.3

R은 대칭적이다.

예제 9 $\mathbb{Z}$를 정수 전체의 집합이라 하자. 이때, 관계 R을

$$R = \{(x,\ y) \mid x - y = 3k \text{ for some } k \in \mathbb{Z}\}$$

이라 하면, R은 $\mathbb{Z}$ 위에서 하나의 **동치관계**(equivalence relation)이다.

증명.....

(i) $\forall x \in \mathbb{Z},\ x - x = 0 = 0 \cdot 3$이므로, $(x,\ x) \in R$이다. 따라서, R은 반사적이다.

(ii) $(x,\ y) \in R \Rightarrow \exists k \in \mathbb{Z},\ x - y = 3k$

$$\Rightarrow y - x = -3k = 3 \cdot (-k)$$

$$\Rightarrow (y,\ x) \in R$$

이므로, R은 대칭적이다.

(iii) $(x,\ y) \in R \wedge (y,\ z) \in R$

$$\Rightarrow \exists k_1,\ k_2 \in \mathbb{Z},\ x - y = 3k_1,\ y - z = 3k_2$$

$$\Rightarrow x - z = (x - y) + (y - z) = 3k_1 + 3k_2 = 3(k_1 + k_2)$$

$k_1 + k_2$도 역시 정수이므로, $(x,\ z) \in R$이다. 따라서 R은 추이적이다. 그러므로, (i), (ii), (iii)에서 R은 $\mathbb{Z}$ 위에서의 하나의 동치관계이다.

공집합이 아닌 집합 X 위에서의 매우 간단한 동치관계 두 개를 생각해보자.

$\Delta x = \{(x,\ x) \mid x \in X\}$를 **대각관계**(diagoral relation) 또는 **항등관계**(identity relation)라고 부른다. 그림으로 표시하면 다음과 같다.(그림 3.2.4)

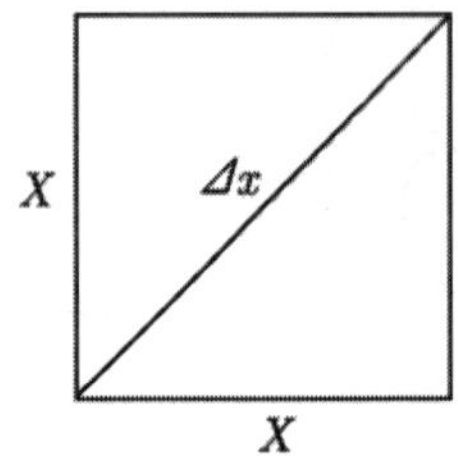

그림 3.2.4

이것은 주어진 X 위에서의 동치관계 중에서 가장 작은 동치관계가 될 것이다. 반면에 $R = X\times X$라고 두면, $X\times X$에 포함되는 가장 큰 동치관계가 될 것이다.

연습문제..... 3.2

1. 집합 A에서 집합 B로의 관계 R에 대하여 $(R^{-1})^{-1}$임을 증명하여라.

2. $A=\{a,\ b,\ c\}$이고, $R=\{(a,\ b),\ (c,\ b),\ (a,\ b)\}$일 때 R의 정의역과 그 상을 구하여라.

3. 집합 A에서 집합 B로의 관계 R에 대하여 다음을 증명하여라.

(a) $\mathrm{Dom}(R^{-1})=\mathrm{Im}(R)$ (b) $\mathrm{Im}(R^{-1})=\mathrm{Dom}(R)$

4. $A=\{a,\ b,\ c\}$이고, $R=\{(a,\ a),\ (b,\ b),\ (c,\ c),\ (a,\ b),\ (b,\ a),\ (c,\ a),\ (a,\ c)\}$일 때 R은 반사적이고 대칭적이지만 추이적이 아님을 보여라.

5. 반사적이고 추이적이지만 대칭적이 아닌 관계의 보기 하나를 들어라.

6. 대칭적이고 추이적이지만 반사적이 아닌 관계의 보기 하나를 들어라.

7. 집합 X 위의 관계 R에 대하여 다음을 증명하여라.

(a) $R\supseteq \Delta_X \Leftrightarrow R$은 반사적이다.

(b) $R=R^{-1} \Leftrightarrow R$은 대칭적이다.

(c) R^{-1}이 반사적 $\Leftrightarrow$ R은 반사적이다.

(d) R^{-1}이 대칭적 $\Leftrightarrow$ R은 대칭적이다.

(e) R^{-1}이 추이적 $\Leftrightarrow$ R은 추이적이다.

(f) R^{-1}이 동치관계 $\Leftrightarrow$ R은 동치관계이다.

8. 집합 $X=\mathbb{Z}\times(\mathbb{Z}-\{0\})$ 위의 관계 $\sim$를

$$ad=bc \Leftrightarrow (a,\ b)\sim(c,\ d)$$

로 정의하면 $\sim$는 X 위의 동치관계이다. 이것을 증명하여라.

3.3 분할 Partition

정의 3.3.1 X가 공집합이 아닌 집합일 때, 다음 조건을 만족하는 집합 X의 공집합이 아닌 부분 집합들의 하나의 집합족 $\{A_\gamma\}_{\gamma \in \Gamma}$을 집합 X의 하나의 **분할(partition)**이라고 한다(그림 3.3.1).

$$P_1 \ : \ \forall\, \alpha,\ \beta \in \Gamma,\ A_\alpha \cap A_\beta = \varnothing \ \vee \ A_\alpha = A_\beta$$

$$P_2 \ : \ X = \bigcup_{\gamma \in \Gamma} A_\gamma$$

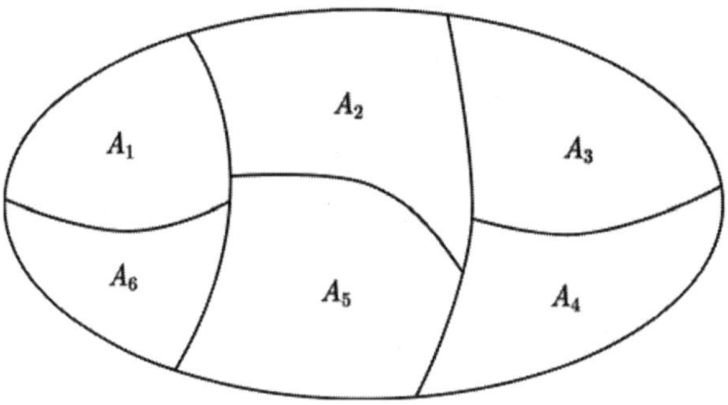

예제 1 $X = \{a,\ b,\ c,\ d\}$일 때, $A_1 = \{a,\ b\}$, $A_2 = \{c\}$, $A_3 = \{d\}$라 하면, 집합족 $\{A_1,\ A_2,\ A_3\}$는 X의 분할이다. 왜냐하면,

$$A_1 \cap A_2 = \varnothing\,,\ A_1 \cap A_3 = \varnothing\,,\ A_2 \cap A_3 = \varnothing\,,\ A_1 \cup A_2 \cup A_3 = X$$

이기 때문이다.

예제 2 $\mathbb{Z}$를 정수전체의 집합이라 하자.

$$\mathbb{Z}_i = \{x \in \mathbb{Z} \mid x = 3k + i \text{ for some } k \in \mathbb{Z}\} \ \ (0 \le i < 3)$$

즉, $\mathbb{Z}_0$는 3으로 나누어 나머지가 0인, 3으로 나누어 떨어지는 경우의 모든 수를 나타내고, $\mathbb{Z}_1$은 3으로 나누어 나머지가 1인 경우의 모든 수를 나타내고, $\mathbb{Z}_2$는 3으로 나누어 나머지가 2인 경우의 모든 정수를 나타낸다. 그러면, $\mathbb{Z}_0$, $\mathbb{Z}_1$, $\mathbb{Z}_2$는 서로 중복됨이 없고, $\mathbb{Z}=\mathbb{Z}_0\cup\mathbb{Z}_1\cup\mathbb{Z}_2$가 된다. 그러므로 $\{\mathbb{Z}_0, \mathbb{Z}_1, \mathbb{Z}_2\}$는 $\mathbb{Z}$의 분할이 된다.

정의 3.3.2 G를 공집합이 아닌 집합 X 위에서의 동치관계라고 하자. 이때

$$\forall x\in X,\quad x/G=\{y\in X \mid (x,y)\in G\}$$

라고 정의하고, x/G를 x에 의해서 결정된 **동치류(equivalence class)**라고 부른다. 그리고 이런 동치류들의 모임

$$\{x/G \mid x\in X\}$$

를 X/G로 표시한다. 즉, $X/G=\{x/G \mid x\in X\}$이다. X/G를 G에 의한 X의 **상(quotient) 집합**이라고 부른다.

보조정리 3.3.3 G를 공집합이 아닌 집합 X 위에서의 동치관계라고 하자. 그러면

$$(x,\ y)\in G \Leftrightarrow x/G=y/G$$

이다.

증명

(i) $(x,\ y)\in G$라고 가정하자.

$$\begin{aligned} z\in x/G &\Rightarrow (z,\ x)\in G \\ &\Rightarrow (z,\ y)\in G \qquad\qquad (G\text{가 추이적이다}) \\ &\Rightarrow z\in y/G \end{aligned}$$

그러므로 $x/G\subseteq y/G$를 보였다. 비슷한 방법으로 $y/G\subseteq x/G$도 보일 수 있다. 따라서 $x/G=y/G$이다.

(ii) $x/G=y/G$라고 가정하자.

G가 동치관계이므로, 반사적이다. 그러므로 $(x,\ x)\in G$이다. 즉, $x\in x/G=y/G$이다.

그래서 $x \in y/G$. 그러므로, $(x, y) \in G$이다. ■

정리 3.3.4 G를 공집합이 아닌 집합 X 위에서의 동치관계라 하자.
그러면 $\{x/G\}_{x \in X}$는 집합 X의 분할이다.

증명

G가 반사적이기 때문에, $\forall x \in X$, $(x, x) \in G$이다. 따라서, $x \in x/G$이다. 그러므로 $\forall x \in X$, x/G는 공집합이 아니다. 다음으로 분할의 조건 P_1, P_2을 보이도록 하자.

(P_1) : $x/G \cap y/G \neq \varnothing$이라고 가정하자.

그러면 $\exists z \in x/G \cap y/G \Rightarrow z \in x/G \wedge z \in y/G$

$$\Rightarrow (x, z) \in G \wedge (z, y) \in G$$

$$\Rightarrow (x, y) \in G$$

$$\Rightarrow x/G = y/G \qquad \text{(보조정리 3.3.3에 의하여)}$$

(P_2) : $X = \bigcup_{x \in X} x/G$를 보이기 위하여, "$\supseteq$"는 당연하다.

"$\subseteq$"를 보이도록 하자.

G가 반사적이므로, $\forall x \in X$, $(x, x) \in G \Rightarrow x \in x/G$이다. 그러므로, $x \in \bigcup_{x \in X} x/G$. 따라서 $X = \bigcup_{x \in X} x/G$이다. ■

위의 정리 3.3.4에서 만들어진 분할$\{x/G\}_{x \in X}$를 **G에 의해서 유도된 분할(partition induced by G)**이라고 부른다. 위의 정리 3.3.4의 역을 생각해보면, 매우 재미있다.

정리 3.3.5 $P = \{A_\gamma\}$가 집합 X의 하나의 분할이라 하자. 그리고 집합 G를 $G = \{(x, y) \mid x, y \in A_\gamma \text{ for some } \gamma \in \Gamma\}$이라 하자. 즉, x, y가 분할의 같은 어떤 조각 A_γ에 속할 때, 이들의 순서쌍 (x, y)를 모아 놓은 집합을 G라 하자. 그러면 G는 집합 X 위에서의 하나의 동치관계가 된다. 또한 G를 X/P로 나타내면, $X/(X/P) = P$임을 알 수 있다.

증명

$\mathsf{P}=\{A_\gamma\}_{\gamma\in\Gamma}$가 집합 X의 분할이므로 (P_2)에 의하여, $X=\bigcup_{\gamma\in\Gamma}A_\gamma$이다. 그러므로,

$$\begin{aligned}\forall x\in X &\Rightarrow \exists\beta\in\Gamma,\ x\in A_\beta\\ &\Rightarrow (x,\ x)\in G\end{aligned}$$

그러므로 G가 반사적임을 알 수 있다. G의 정의에 의하여, $(x,\ x)\in G$이면, $x,\ y$가 분할의 같은 조각에 속한다는 것을 의미한다. 그러므로 $y,\ x$도 역시 분할의 같은 조각에 속하는 것은 너무 당연하다. 그래서 $(y,\ x)\in G$이다. 따라서 G가 대칭적이다.
이제 G가 추이적임을 보이자.

$$\begin{aligned}(x,\ y)\in G\wedge(y,\ z)\in G &\Rightarrow \exists A_\alpha,\ A_\beta\in\mathsf{P},\ x,\ y\in A_\alpha,\ y,\ z\in A_\beta\\ &\Rightarrow y\in A_\alpha\cap A_\beta\\ &\Rightarrow A_\alpha\cap A_\beta\neq\varnothing\\ &\Rightarrow A_\alpha=A_\beta\ (\text{분할의 정의, } P_1\text{에 의해서})\end{aligned}$$

따라서 $x,\ z\in A_\alpha=A_\beta$, 즉 x와 z가 분할의 같은 조각에 속함을 알 수 있다. 그래서 $(x,\ z)\in G$이다.

다음으로 $X/(X/\mathsf{P})=\mathsf{P}$를 보이도록 하자.
이것은 분할 P를 이용하여 만든 동치관계 $G=X/\mathsf{P}$에 의하여 유도된 분할이 원래 분할 P가 됨을 보여주는 것이다. 이것의 증명 역시, 두 $X/(X/\mathsf{P})$와 P가 같다는 것을 보여주는 것이므로, 서로의 포함관계를 보이면 된다. 먼저 임의의 $x\in X$를 택하면, $\{A_\alpha\}_{\alpha\in\Gamma}$가 분할이므로, x를 원소로 갖는 유일한 $A_\beta\in\mathsf{P}$가 존재한다. 여기서 $\forall y\in A_\beta\Leftrightarrow(x,\ y)\in G\Leftrightarrow y\in x/G$이다. 그러므로 $A_\beta=x/G$. 따라서 $X/(X/\mathsf{P})=\mathsf{P}$임을 알 수 있다. ■

정리 3.3.5의 매우 쉬운 예를 생각해 보자.

예제 3 $X=\{a,\ b,\ c,\ d,\ e\}$라 하고, X의 분할을

$$A_1=\{a,\ c\},\ A_2=\{b,\ d\},\ A_3=\{e\}$$

라고 하자. 이때, G는

$$G = \{(a,\ a),\ (c,\ c),\ (a,\ c),\ (c,\ a),\ (b,\ b),\ (d,\ d),\ (b,\ d),\ (d,\ b),\ (e,\ e)\}$$

이다. 여기서 G는 동치관계임을 알 수 있다. 이 동치관계 G의 동치류들을 생각해 보면,

$$a/G = \{a,\ c\},\ b/G = \{b,\ d\},\ c/G = \{c,\ a\},\ d/G = \{d,\ b\},\ e/G = \{e\}$$

이고,

$$a/G = c/G = A_1, \quad b/G = d/G = A_2, \quad e/G = A_3$$

이다. 이상에서 정리 3.3.5를 쉬운 예를 통하여 다시 한 번 확인해 보았다.

연습문제..... 3.3

1. P가 공집합이 아닌 집합 X의 분할인 경우 동치관계 X/P에 대하여 $X/P = \bigcup_{A \in \wp} A \times A$임을 증명하여라.

2. 문제 1에서 X가 유한집합이고 $P = \{A_1, A_2, \cdots, A_k\}$이라고 할 때 $j = 1, 2, \cdots, k$에 대하여 A_j는 n_j개의 원소를 지닌다고 한다. 이 경우 동치관계 X/P에는 꼭 $n_1^2 + n_2^2 + \cdots + n_k^2$개의 순서쌍이 있음을 증명하여라.

3. $X = \{a, b, c, d, e\}$이고, $P = \{\{a, b\}, \{c\}, \{d, e\}\}$에 대하여 다음 물음에 답하여라.

(a) P는 집합 X의 분할임을 보여라.

(b) 집합 X 위의 동치관계 X/P를 나타내는 순서쌍의 집합을 원소나열법으로 구하여리.

(c) $\xi = X/P$로 놓고 a/P, b/P, c/P, d/P, e/P를 차례로 구하여라.

4. X를 정수의 집합을 $\mathbb{Z}$라고 하고 X 위의 관계 ξ를 다음과 같이 정의한다.

"적당한 정수 k에 대하여, $x - y = 5k \Leftrightarrow (x, y) \in \xi$"

(a) 관계 ξ는 X 위의 동치관계임을 증명하여라.

(b) 집합 X의 분할 X/ξ를 구하여라.

(c) 동치관계 $X/(X/\xi)$는 다름 아닌 동치관계 ξ와 같다. 이것을 확인하여라.

5. 공집합이 아닌 집합 X 위의 동치관계 ξ에 대하여 $X/(X/\xi) = \xi$임을 증명하여라.

3.4 함수 Function

정의 3.4.1 두 집합 X, Y와 X에서 Y로 가는 하나의 **관계(relation)** f가 있어서, f가 다음 조건을 만족할 때, f, X, Y 세 가지 요소를 동시에 생각해서 (f, X, Y)로 나타내고 (f, X, Y)를 X에서 Y로 가는 **함수(function)**라고 한다.

(a) $\mathrm{Dom}(f) = X$

(b) $(x, y) \in f \wedge (x, z) \in f \Rightarrow y = z$

함수를 나타낼 때 (f, X, Y)로 나타내는 것보다는 $f: X \to Y$로 나타내는 경우가 더 많다. 그리고 $(x, y) \in f$ 대신에 $y = f(x)$로 쓰는 경우가 많다. 이때 y를 f에 의한 x의 **상(image)**, x를 f에 의한 y의 **원상(pre-image)**이라고 한다. 여기서 조건 (a)를 다른 말로 쓰면, 'X에 속하는 임의의 원소 x가 하나의 상(image) y를 갖는다.'이고, 조건 (b)를 다른 말로 쓰면, 'X에 속하는 임의의 원소 x의 상은 유일(unique)하다.'이다.

함수 $f: X \to Y$에 대하여 집합 Y를 f의 **공역(range)**이라고 한다. 함수의 공역은 **치역** $\{f(x) \mid x \in X\}$과 일반적으로 일치하지 않는다. 치역을 $\mathrm{Im}(f) = \{f(x) \mid x \in X\}$로 나타내는 경우도 많다.

예제 1 $X = \{a, b, c, d\}$, $Y = \{x, y, z\}$, $f = \{(a, y), (b, x), (c, z), (d, y)\}$이면 (f, X, Y)는 X에서 Y로 가는 함수이다.

정리 3.4.2 $f: X \to Y$가 함수일 때, $\mathrm{Im}(f) \subseteq Z$이면 $f: X \to Z$ 또한 하나의 함수이다.

증명

먼저 f가 $X \times Z$의 부분집합임을 보여야 한다.

$$(x, y) \in f \Rightarrow x \in X \wedge y \in \mathrm{Im}(f)$$

$$\Rightarrow x \in X \wedge y \in Z$$
$$\Rightarrow (x,\ y) \in X \times Z$$

따라서 $f \subseteq X \times Z$이다. 가정에서 $f: X \to Y$는 함수이므로 함수의 조건 (a), (b)를 만족한다. 그러므로 $f: X \to Z$는 함수이다. ■

주어진 두 함수가 같을 필요충분조건을 알아보자.

정리 3.4.3 $f: X \to Y$, $g: X \to Y$ 두 함수가 주어졌을 때,

$$f = g \Leftrightarrow f(x) = g(x),\ \ \forall x \in X$$

이다.

증명

(i) $f = g$라고 가정하면, $\forall x \in X$에 대한 상을 y라고 두면, 즉,

$$\begin{aligned} y = f(x) &\Leftrightarrow (x,\ y) \in f \\ &\Leftrightarrow (x,\ y) \in g \\ &\Leftrightarrow y = g(x) \end{aligned}$$

이다. 따라서, $f(x) = g(x)$, $\forall x \in X$.

(ii) $\forall x \in X$에 대하여, $f(x) = g(x)$이라고 가정하면,

$$\begin{aligned} (x,\ y) \in f &\Leftrightarrow y = f(x) \\ &\Leftrightarrow y = g(x) \\ &\Leftrightarrow (x,\ y) \in g \end{aligned}$$

이다. 따라서, $f = g$. ■

예제 1 $X = \{1,\ 2\}$, $Y = \{1,\ 2,\ 3,\ 4\}$이고, 함수 f와 g를 각각, $f = \{(1,\ 1),\ (2,\ 4)\}$, $g = \{(x,\ x^2) \mid x \in X\}$라 하면 $f = g$이다. 왜냐하면, $\mathrm{Dom}(f) = \mathrm{Dom}(g) = X$이고, $f(1) = 1 = g(1)$, $f(2) = 4 = g(2)$이므로, 정리 3.4.3에

의해서 $f = g$이다.

예제 3 X가 공집합이 아닌 임의의 집합이고, $Y = \{0, 1\}$, $A \subseteq X$일 때, $\chi_A = \{(x, y) \in X \times Y \mid y = 1 : x \in A \wedge y = 0 : x \notin A\}$라고 두면, (χ_A, X, Y)를 X 안에서 A의 **특성함수(chracteristic function)**라고 한다. 즉, $\chi_A : X \to \{0, 1\}$로 쓸 수도 있고, 함수 값으로 표현하면,

$$\chi_A(x) = \begin{cases} 1 : & x \in A \\ 0 : & x \notin A \end{cases}$$

이다(그림 3.4.1).

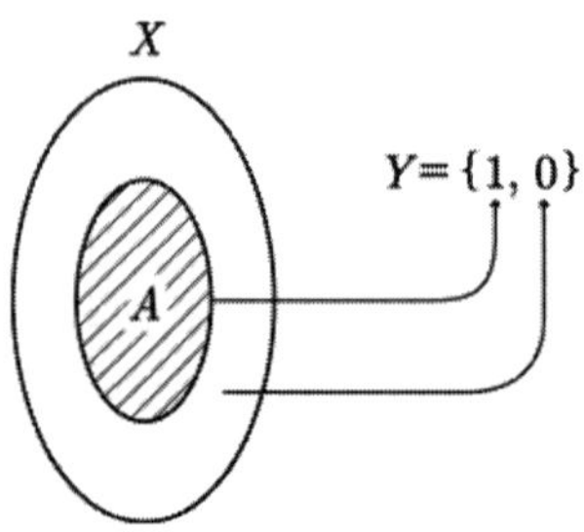

그림 3.4.1

예제 4 X가 공집합이 아닌 임의의 집합일 때,

$$\Delta_X = \{(x, x) \mid x \in X\}$$

라고 두면, (Δ_X, X, X)를 X의 **항등함수(identity function)**라고 하고, 특별히, $1_X : X \to X$라고 쓴다. 물론 함수 값은 $1_X(x) = x, \ \forall x \in X$이다.

예제 5 X, Y가 공집합이 아닌 집합들일 때, 특정한 Y의 원소 b를 생각하자. $C_b = \{(x, b) \mid x \in X\}$라고 두면, (C_b, X, Y)를 X에서 Y로 가는 **상수함수(constant function)**라고 한다.

예제 6 A가 공집합이 아닌 임의의 집합이고, $B \subseteq A$일 때, $E_B = \{(x, x) \mid x \in B\}$

라고 두면, E_B: $B \to A$를 A 안에서 B의 **포함함수**(inclusion function)라고 한다(그림 3.4.2).

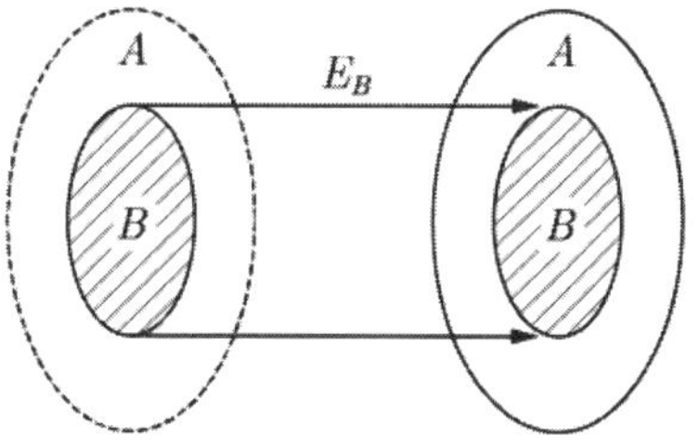

그림 3.4.2

예제 7 주어진 함수 $f: X \to Y$가 있고, $A \subseteq X$일 때,

$$f|_A = \{(x,\ f(x)) \mid x \in A\}$$

라고 두면, $(f|_A,\ A,\ Y)$를 A에 대한 f의 **제한함수**(restriction function)라고 한다.

$$X = \{1,\ 2,\ 3,\ 4,\ 5\},\ \ A = \{1,\ 3,\ 4\},\ \ Y = \{a,\ b,\ c,\ d\}$$

이고, $f = \{(1,\ a),\ (2,\ c),\ (3,\ d),\ (4,\ b),\ (5,\ c)\}$일 때,

$$f|_A = \{(1,\ a),\ (3,\ d),\ (4,\ b)\}$$

가 됨을 알 수 있다(그림 3.4.3).

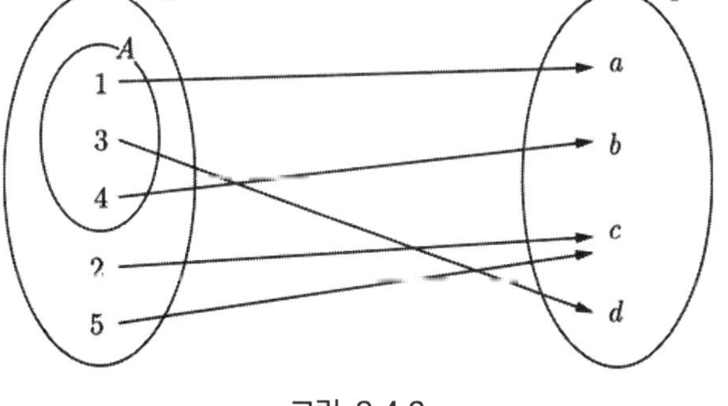

그림 3.4.3

정리 3.4.4 두 함수 $f_1: A \to C$와, $f_2: B \to C$가 있어서,

$$A \cap B = \varnothing$$

이다. 이때 $f = f_1 \cup f_2$라고 하면, 다음이 성립함을 알 수 있다.

(i) $f: A \cup B \to C$는 하나의 함수이다.

(ii) $f_1 = f|_A,\ f_2 = f|_B$

증명

(i) 먼저 f가 $(A \cup B)$에서 C로 가는 하나의 관계임을 보이자. 즉 $f \subseteq (A \cup B) \times C$임을 보인다.

$$\begin{aligned} \forall (x,\ y) \in f &\Rightarrow (x,\ y) \in f_1 \vee (x,\ y) \in f_2 \quad (f = f_1 \cup f_2\text{이므로}) \\ &\Rightarrow (x,\ y) \in A \times C \vee (x,\ y) \in B \times C \\ &\quad\ (f_1 \subseteq A \times C,\ f_2 \subseteq B \times C) \\ &\Rightarrow (x,\ y) \in (A \times C) \cup (B \times C) = (A \cup B) \times C \end{aligned}$$

이다. 두 번째로,

$$\text{Dom}(f) = \text{Dom}(f_1 \cup f_2) = \text{Dom}(f_1) \cup \text{Dom}(f_2) = A \cup B$$
$$\text{Im}(f) = \text{Im}(f_1 \cup f_2) = \text{Im}(f_1) \cup \text{Im}(f_2) \subseteq C \cup C = C$$

이제, (F_b)조건을 보이자.

$$\begin{aligned} &(x,\ y_1) \in f \wedge (x,\ y_2) \in f \\ &\Rightarrow (x,\ y_1) \in f_1 \cup f_2 \wedge (x,\ y_2) \in f_1 \cup f_2 \\ &\Rightarrow [(x,\ y_1) \in f_1 \wedge (x,\ y_2) \in f_1] \vee [(x,\ y_1) \in f_2 \wedge (x,\ y_2) \in f_2] \\ &(\text{왜냐하면 } A \cap B = \varnothing\text{ 이므로}) \\ &\Rightarrow y_1 = y_2 \vee y_1 = y_2 \ (f_1,\ f_2\text{가 각각 함수이므로}) \\ &\Rightarrow y_1 = y_2 \end{aligned}$$

이상에서 $f: A \cup B \to C$가 함수임을 알 수 있다.

(ii)의 증명은 연습문제로 남긴다. ■

연습문제..... 3.4

1. 다음 각 그림은 $X=\{x, y, z\}$에서 $Y=\{u, v, w\}$로의 함수를 정의하는지의 여부를 조사하여라.

(a)

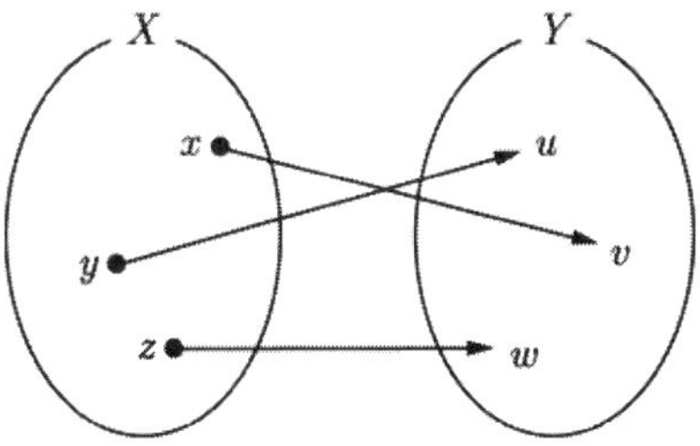

(b)

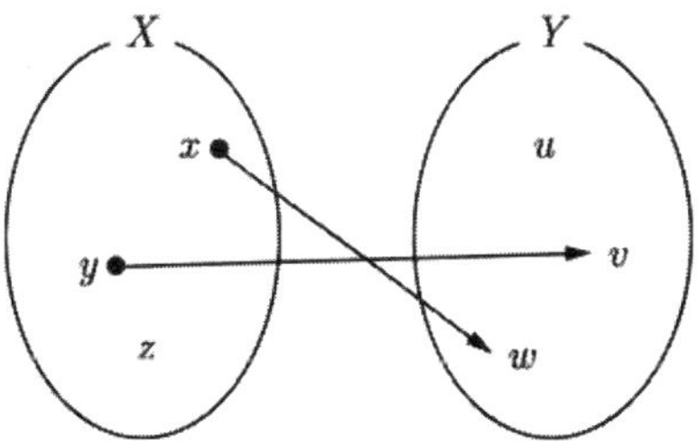

(c)

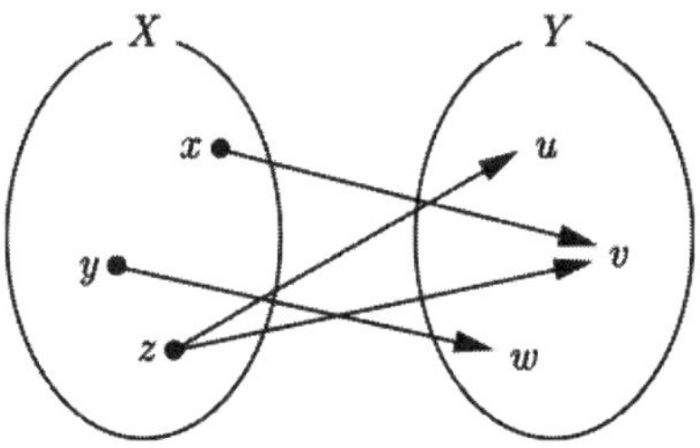

2. 다음과 같이 정의된 함수 $f: \mathbb{R} \rightarrow \mathbb{R}$가 있다.

$$f(x) = \begin{cases} 5, & x\text{가 유리수일 때} \\ -3, & x\text{가 무리수일 때} \end{cases}$$

이 경우 $f(1/3)$, $f(7)$, $f(1.323232\cdots)$를 차례로 구하여라.

3. 다음과 같이 정의된 함수 $f: \mathbb{R} \rightarrow \mathbb{R}$에 대하여 $f(-7)$, $f(3)$, $f(6)$을 차례로 구하여라.

$$f(x)=\begin{cases}4x+3, & x>5\\ x^2-2, & -6\le x\le 5\\ 4-5x, & x<6\end{cases}$$

4. 다음 그림으로 정의된 함수 $f: X \to Y$의 치역을 말하여라.

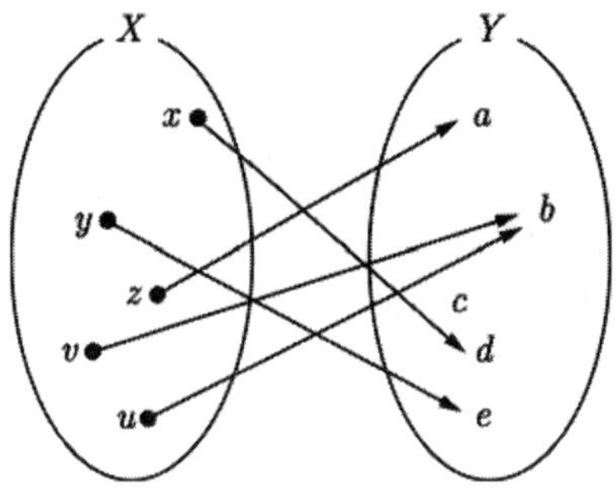

5. 집합 $X=\{-2, -1, 0, 1, 2\}$의 임의의 원소 x에 대하여,

$$f(x)=x^2-3$$

으로 정의된 $f: X \to \mathbb{R}$의 치역을 구하여라.

6. 다음 각 식에 의하여 정의된 $\mathbb{R}$에서 $\mathbb{R}$로의 함수의 치역을 구하여라.

(a) $f(x)=2x^2+5$

(b) $f(x)=\cos x$

(c) $f(x)=x^3-1$

7. $X=\{x, y, z\}$, $Y=\{1, 2, 3\}$에 대하여 다음 중 X에서 Y로의 함수를 이루는 것을 지적하고 그렇지 않는 것에 대해서는 이유를 말하여라.

(a) $f=\{(x, 1), (y, 2), (z, 3)\}$

(b) $g=\{(x, 2), (y, 3), (z, 3)\}$

(c) $h=\{(x, 2), (y, 1)\}$

(d) $i=\{(x, 1), (x, 2), (y, 1), (z, 3)\}$

8. $X=\{x, y, z\}$와 $Y=\{1, 2\}$에 대하여 X에서 Y로의 함수는 몇 개 있는가? 일반적으로 집합 X, Y의 원소가 각각 m, n이면 X에서 Y로의 함수는 몇 개 있는가?

9. 문제 8의 함수 중 상수함수는 몇 개 있는가?

10. 함수 $f: X \to Y$에 대하여 f의 공집합이 아닌 각 부분집합 g에 따라 함수가 생긴다. 이것을 증명하여라.

11. X에서 X로의 함수 $f: X \to X$가 또한 X 위의 반사적 관계이면, f는 $1_X: X \to X$이다. 이것을 증명하여라.

12. X가 단위구간 $[0, 1]$일 때 함수 $f: X \to X$는 X 위의 대칭적 관계라고 한다. 이 같은 f를 구하여라.

13. 정의역과 공역이 각각 같은 두 함수 $f: X \to Y$, $g: X \to Y$가 있다. 이 경우 $f \subseteq g$이면 $f = g$. 이것을 증명하여라.

14. 정리 3.4.4의 (ii)를 증명하여라.

3.5 함수의 상 Image 과 역상 Inverse Image

정의 3.5.1 함수 $f: X \to Y$가 있고, $A \subseteq X$, $B \subseteq Y$일 때,

$$f(A) = \{f(x) \mid x \in A\}$$

를 f에 의한 A의 **상(image)**이라 하고,

$$f^{-1}(B) = \{x \mid f(x) \in B\}$$

를 f에 의한 B의 **역상(inverse image)**이라고 한다. 여기서 f^{-1}표시는 역함수를 표시하지 않고, 단지 집합 $\{x \mid f(x) \in B\}$를 나타내는 기호임에 유의하기 바란다. 그래서 다른 저자들은 $f^{-1}(B)$ 대신에 $\overline{\overline{f}}(B)$ 등을 사용하는 경우도 있다.

정리 3.5.2 $f: X \to Y$를 함수라고 하자. 그러면 다음이 성립한다.

(i) $f(\varnothing) = \varnothing$

(ii) $f(\{x\}) = \{f(x)\}$, $\forall x \in X$.

(iii) $A \subseteq B \subseteq X \Rightarrow f(A) \subseteq f(B)$

(iv) $C \subseteq D \subseteq Y \Rightarrow f^{-1}(C) \subseteq f^{-1}(D)$

증명

(i) $\varnothing \subseteq f(\varnothing)$이므로, $f(\varnothing) \subseteq \varnothing$만 보이면 된다. 그래서 $\forall f(x) \in f(\varnothing)$라고 가정하면, 이것은 $f(\varnothing)$의 정의에 의하여, $x \in \varnothing$와 동치이다. 그런데 $x \in \varnothing$는 거짓이므로, $f(x) \in \varnothing$라고 말하여도, 전체적으로 $[f(x) \in f(\varnothing) \Rightarrow f(x) \in \varnothing]$가 참이다. 그러므로 $f(\varnothing) = \varnothing$이다.

(ii), (iii), (iv)은 정의에 의하여 쉽게 알 수 있다. ■

정리 3.5.3 $f: X \to Y$가 함수이고, $\{A_\gamma \mid \gamma \in \Gamma\}$가 X의 하나의 집합족이고, $\{B_\gamma \mid$

$\gamma \in \Gamma\}$가 Y의 집합족일 때, 다음이 성립한다.

(i) $f\left(\bigcup_{\gamma\in\Gamma} A_\gamma\right) = \bigcup_{\gamma\in\Gamma} f(A_\gamma)$

(ii) $f^{-1}\left(\bigcup_{\gamma\in\Gamma} B_\gamma\right) = \bigcup_{\gamma\in\Gamma} f^{-1}(B_\gamma)$

(iii) $f^{-1}\left(\bigcap_{\gamma\in\Gamma} B_\gamma\right) = \bigcap_{\gamma\in\Gamma} f^{-1}(B_\gamma)$

증명

(i) $f(x) \in f\left(\bigcup_{\gamma\in\Gamma} A_\gamma\right) \Leftrightarrow x \in \bigcup_{\gamma\in\Gamma} A_\gamma$ ($f(A)$의 정의에 의하여)

$\Leftrightarrow x \in A_\gamma$ for some $\gamma \in \Gamma$ ($\cup$ 의 정의에 의하여)

$\Leftrightarrow f(x) \in f(A_\gamma)$ for some $\gamma \in \Gamma$ ($f(A)$의 정의에 의하여)

$\Leftrightarrow f(x) \in \bigcup_{\gamma\in\Gamma} f(A_\gamma)$ ($\cup$ 의 정의에 의하여)

(ii) $x \in f^{-1}\left(\bigcup_{\gamma\in\Gamma} B_\gamma\right) \Leftrightarrow f(x) \in \bigcup_{\gamma\in\Gamma} B_\gamma$ ($f^{-1}(B)$의 정의에 의하여)

$\Leftrightarrow f(x) \in B_\gamma$ for some $\gamma \in \Gamma$ ($\cup$ 의 정의에 의하여)

$\Leftrightarrow x \in f^{-1}(B_\gamma)$ for some $\gamma \in \Gamma$ ($f^{-1}(B)$의 정의에 의하여)

$\Leftrightarrow x \in \bigcup_{\gamma\in\Gamma} f^{-1}(B_\gamma)$ ($\cup$ 의 정의에 의하여)

(iii) (ii)과 같이, $\cap$ 정의와 $f^{-1}(B)$의 정의를 반복해서 적용하면 된다. ■

정리 3.5.3의 (iii) 경우를 $f(A)$에 적용하면 안 될까라는 의문이 생길 것이다. 그러나 이것은 안 된다는 반례를 쉽게 찾아 볼 수 있다.

예제 1 $X = \{a, b, c, d\}$, $Y = \{1, 2, 3\}$, $A_1 = \{a, b\}$, $A_2 = \{b, c\}$이고, $f = \{(a, 1), (c, 1), (b, 2), (d, 3)\}$라고 두면

$$A_1 \cap A_2 = \{b\},\ f(A_1) = \{1, 2\},\ f(A_2) = \{1, 2\},$$
$$f(A_1 \cap A_2) = \{2\},\ f(A_1) \cap f(A_2) = \{1, 2\}$$

따라서 $f(A_1 \cap A_2) \subseteq f(A_1) \cap f(A_2)$임을 알 수 있다.

정리 3.5.4 함수 $f: X \to Y$와 $A, B \subseteq Y$이면 다음이 성립한다.

$$f^{-1}(A-B) = f^{-1}(A) - f^{-1}(B)$$

증명

$$\begin{aligned} x \in f^{-1}(A-B) &\Leftrightarrow f(x) \in A-B \\ &\Leftrightarrow f(x) \in A \ \wedge \ f(x) \notin B \\ &\Leftrightarrow x \in f^{-1}(A) \ \wedge \ x \notin f^{-1}(B) \\ &\Leftrightarrow x \in f^{-1}(A) - f^{-1}(B) \end{aligned}$$

이상에서 f의 역상에 대해서는 집합의 연산들이 보존됨을 알 수 있고, f의 상에 대해서는 교집합의 성질이 일반적으로 보존되지 않음을 알았다. ■

연습문제..... 3.5

1. 함수 $f: X \to Y$에 대하여 $A \subseteq X$, $B \subseteq Y$일 때 다음이 성립함을 증명하여라.

(a) $A \subseteq f^{-1}(f(A))$

(b) $f(f^{-1}(B)) \subseteq B$

2. 함수 $f: X \to Y$에 대하여 $A \subseteq X$, $B \subseteq Y$일 때 다음 명제가 거짓인 보기를 각각 하나씩 들어라.

(a) $B \neq \varnothing$ 이면 $f^{-1}(B) \neq \varnothing$

(b) $f^{-1}(f(A)) = A$

(c) $f(f^{-1}(B)) = B$

(d) $f(X) = Y$

3. 문제 2의 (c)는 $f(X) = Y$일 때, 참임을 증명하여라.

4. 함수 $f: X \to Y$에 대하여 $f(X) = Y$이고 B, C가 각각 집합 Y의 부분집합 일 때 $f^{-1}(B) = f^{-1}(C)$이면 $B = C$. 이것을 증명하여라. 한편 이 주장은 $f(X) \neq Y$일 때, 거짓임을 보여주는 보기 하나를 들어라.

5. X, Y가 각각 집합일 때 모든 $(x, y) \in X \times Y$에 대하여,

$$p_X(x, y) = x, \quad p_Y(x, y) = y$$

[p_X, p_Y를 각각 **X-사영(X-projection)**, **Y-사영(Y-projection)**이라고 부른다]와 같이 정의한다. 지금 $\boldsymbol{R}$이 X에서 Y로의 관계, 즉 $\boldsymbol{R} \subseteq X \times Y$이면 다음이 각각 성립함을 증명하여라.

$$p_X(\boldsymbol{R}) = \mathrm{Dom}(\boldsymbol{R}), \quad p_Y(\boldsymbol{R}) = \mathrm{Im}(\boldsymbol{R})$$

6. 함수 $f: X \to Y$에 대하여 $A \subseteq X$, $B \subseteq Y$일 때 다음이 성립함을 증명하여라.

(a) $f(A \cap f^{-1}(B)) = f(A) \cap B$

(b) $f(f^{-1}(B) = f(X) \cap B$

7. 함수 $f: X \to Y$에 대하여 $B \subseteq Y$일 때 다음이 성립함을 증명하여라.

$$f^{-1}(Y - B) = X - f^{-1}(B)$$

8. 함수 $f: X \to Y$에 대하여 A, B가 각각 집합 X의 부분집합일 때 다음이 참이 아닌 보기를 하나 들어라.

$$f(A - B) = f(A) - f(B)$$

9. 정리 3.5.2의 (ii), (iii), (iv)를 증명하여라.

3.6 세 종류의 함수

함수는 대응하고 있는 형태에 따라서 다음과 같이 세 종류로 나눌 수 있다.

정의 3.6.1 $\forall x_1, x_2 \in X,\ f(x_1) = f(x_2) \Rightarrow x_1 = x_2$를 만족하는 함수 $f: X \to Y$를 **단사(injection)** 혹은 **단사적(injective)**인 함수라고 한다. 또는 **일대일(one to one) 함수**라고 한다.

주의 위 조건의 대우 명제인 $\forall x_1, x_2 \in X$,

$$x_1 \neq x_2 \Rightarrow f(x_1) \neq f(x_2)$$

를 만족할 때도 함수 $f: X \to Y$가 단사적이라고 함은 당연하다.

예제 1 $f(x) = x^2$으로 주어진 함수 $f: \mathbb{R} \to \mathbb{R}$은 단사적이 아니다. 왜냐하면 $2 \neq -2 \Rightarrow f(2) = 4 = f(-2)$이다. 그러나 $g(x) = 3x + 2$로 주어진 $g: \mathbb{R} \to \mathbb{R}$은 단사적이다. 왜냐하면 임의의 x_1, x_2에 대하여

$$\begin{aligned} 3x_1 + 2 = 3x_2 + 2 &\Rightarrow 3x_1 = 3x_2 \\ &\Rightarrow x_1 = x_2 \end{aligned}$$

이기 때문이다.

정의 3.6.2 $\forall y \in Y,\quad \exists x \in X\quad \text{s.t.}\quad y = f(x)$일 때, 함수 $f: X \to Y$를 **전사(surjection)**, 혹은 **전사적(surjective)**인 함수라고 한다. 위의 소선은 $f(X) = Y$와 동치임을 알 수 있다. 즉, 쉽게 말해서 치역 Y의 원소 중에서, 정의역 X의 원소와 대응되지 않고 남아 있는 원소가 하나도 없다는 것을 의미한다.

예제 2 $X=\{a, b, c, d\}$, $Y=\{x, y, z\}$, $f=\{(a, y), (b, x), (c, z), (d, y)\}$이면 $f: X \to Y$는 전사적이다. 왜냐하면, 먼저 $x \in Y$에 대해서 생각하면, $\exists b \in X$ s.t. $x=f(b)$이다. 또 $y \in Y$를 생각해도, $\exists a \in X$ s.t. $y=f(a)$, $z \in Y$일 때도, $\exists c \in X$ s.t. $z=f(c)$이므로 전사적이다. 그리고 $f(X)=\{x, y, z\}=Y$이기도 하다.

정의 3.6.3 함수 $f: X \to Y$가 단사적이고, 전사적일 때, 이 함수를 **전단사적(bijective)**이라고 한다. 혹은 **일대일 대응(one to one correspondence)**이라고 부른다. 그리고 집합 X, Y 사이에 전단사적인 어떤 함수가 존재할 때, 두 집합 X, Y가 **일대일 대응 관계**에 있다고 말한다.

정리 3.6.4 $f: X \to Y$가 전단사적이면, $f^{-1}: Y \to X$도 전단사적이다. 이때 f^{-1}를 f의 **역함수(inverse function)**라고 부른다.

증명

먼저 f가 함수이므로, $f \subseteq X \times Y$이다. 그래서 $f^{-1} \subseteq Y \times X$이다. 그러면, f^{-1}가 함수임을 보이자. $f: X \to Y$가 전사이므로, $\mathrm{Dom}(f^{-1})=\mathrm{Im}(f)=Y$이다.

다음으로,

$$\begin{aligned}&(y, x_1) \in f^{-1} \wedge (y, x_2) \in f^{-1}\\ &\Rightarrow (x_1, y) \in f \wedge (x_2, y) \in f\\ &\Rightarrow y=f(x_1)=f(x_2)\\ &\Rightarrow x_1=x_2 \ (f\text{가 단사이므로})\end{aligned}$$

따라서 f^{-1}가 함수임을 알 수 있다.

이제 f^{-1}가 단사임을 보이자.

$$\begin{aligned}f^{-1}(y_1)=f^{-1}(y_2) &\Rightarrow f^{-1}(y_1)=f^{-1}(y_2)=x\\ &\Rightarrow f(x)=y_1,\ f(x)=y_2\\ &\Rightarrow y_1=y_2 \ (f\text{가 함수이므로})\end{aligned}$$

끝으로 f^{-1}가 전사임을 보이자.

$$\mathrm{Im}(f^{-1}) = \mathrm{Dom}(f) = X$$

그러므로 f^{-1}는 전사이다. ■

정의 3.6.5 두 함수 $f: X \to Y$와 $g: Y \to Z$가 있을 때,

$$g \circ f = \{(x, z) \in X \times Z \mid \exists y \in Y \text{ s.t. } (x, y) \in f \wedge (y, z) \in g\}$$

라고 두면, $g \circ f: X \to Z$이 새로운 함수가 되고, 이것을 f와 g의 **합성함수(composition)** 라고 부른다.

즉, $(x, z) \in g \circ f$이므로, $(g \circ f)(x) = z$이고, $(x, y) \in f \wedge (y, z) \in g$에서 $f(x) = y$, $g(y) = z$이다. $(g \circ f)(x) = z$과 $g(y) = g(f(x)) = z$에서 $(g \circ f)(x) = g(f(x))$임을 알 수 있다.

이제 위에서 정의한 $g \circ f: X \to Z$이 하나의 새로운 함수가 됨을 보이자.

정리 3.6.6 $f: X \to Y$와 $g: Y \to Z$가 함수들이면, $g \circ f: X \to Z$도 함수이다.

증명

정의 3.6.5에 의하여, $g \circ f \subseteq X \times Z$임은 명백하다. 그리고 f가 함수이므로, $\mathrm{Dom}(g \circ f) = X$이다.

다음으로

$$\begin{aligned}
&(x, z_1) \in g \circ f \wedge (x, z_2) \in g \circ f \\
&\Rightarrow \exists y_1, y_2 \in Y \text{ s.t. } (x, y_1) \in f \wedge (y_1, z_1) \in g \wedge (x, y_2) \in f \wedge (y_2, z_2) \in g \\
&\Rightarrow y_1 = y_2 \wedge z_1 = z_2 \ (f, g\text{가 함수이므로}) \\
&\Rightarrow z_1 = z_2
\end{aligned}$$

그러므로 $g \circ f: X \to Z$도 하나의 함수이다. ■

예제 3 $X=\{a,\ b,\ c,\ d\}$, $Y=\{1,\ 2,\ 3\}$, $Z=\{\alpha,\ \beta,\ \gamma\}$이고,

$$f=\{(a,\ 1),\ (b,\ 2),\ (c,\ 3),\ (d,\ 2)\},\quad g=\{(1,\ \alpha),\ (2,\ \beta),\ (3,\ \alpha)\}$$

이면, $g\circ f=\{(a,\ \alpha),\ (b,\ \beta),\ (c,\ \alpha),\ (d,\ \beta)\}$이다.

예제 4 $f(x)=2x+1$, $g(x)=\sin^2 x$에 의하여 정의된 두 함수 $f:\mathbb{R}\to\mathbb{R}$, $g:\mathbb{R}\to\mathbb{R}$의 합성함수는 $(g\circ f)(x)=\sin^2(2x+1)$와 $(f\circ g)(x)=2\sin^2 x+1$이다. 그러므로 일반적으로 $f\circ g\neq g\circ f$이다. 그리고 위의 예제 3에서는, $f\circ g$는 가능하지도 않다.

정리 3.6.7 함수 $f: X\to Y$가 있을 때,

(i) 함수 $g: Y\to X$가 존재해서, $g\circ f=1_X$이면, $f: X\to Y$가 단사이다.

(ii) 함수 $h: Y\to X$가 존재해서, $f\circ h=1_Y$이면, $f: X\to Y$가 전사이다.

증명

(i) 임의의 $x_1,\ x_2\in X$에 대하여, $f(x_1)=f(x_2)$라고 가정하면

$$\begin{aligned} x_1=1_X(x_1)&=(g\circ f)(x_1)\ \ (g\circ f=1_X\text{에 의해서})\\ &=g(f(x_1))\\ &=g(f(x_2))\ \ (f(x_1)=f(x_2)\text{에 의해서})\\ &=(g\circ f)(x_2)\ \ (g\circ f=1_X\text{에 의해서})\\ &=1_X(x_2)\\ &=x_2 \end{aligned}$$

이므로 $f: X\to Y$는 단사이다.

(ii) 임의의 $y\in Y$에 대해서, 함수 h의 함수값 $h(y)$를 x라고 두면

$$y=1_Y(y)=(f\circ h)(y)=f(h(y))=f(x)$$

이다.

결과적으로, $\forall y\in Y,\ \exists x=h(y)\in X$ s.t. $y=f(x)$이므로 $f: X\to Y$는 전사이다.

■

연습문제..... 3.6

1. 함수 $f: \mathbb{R} \to \mathbb{R}$이 모든 $x \in \mathbb{R}$에 대하여 $f(x) = 3x - 2$로 정의되었을 때 다음 물음에 답하여라.

(a) 함수 f는 전단사임을 증명하여라.

(b) 함수 f의 역함수 f^{-1}를 구하여라.

2. 함수 $g: (-\pi/2,\ \pi/2) \to \mathbb{R}$를 각각 $x \in (-\pi/2,\ \pi/2)$에 대하여 $g(x) = \tan x$로 정의할 때 이 함수 g는 전단사인가? 만일 그렇다면 그 역함수 g^{-1}를 구하여라.

3. 특성함수 $\chi_A: X \to \{0,\ 1\}$가 전사일 필요충분조건은 $A \neq \varnothing$임을 증명하여라. 또 $\chi_A: X \to \{0,\ 1\}$이 단사인 것은 어느 때인가?

4. 상수함수 $C_b: X \to Y$가 전사일 필요충분조건은 $Y = \{b\}$임을 증명하여라. $C_b: X \to Y$가 단사인 것은 어느 때인가?

5. X-사영 $p_X: X \times Y \to X$, Y-사영 $p_Y: X \times Y \to Y$은 모두 전사임을 증명하여라. 또 X-사영이 단사인 것은 어느 때인가?

6. 자연수의 집합 $\mathbb{N}$과 모든 짝수의 집합 사이에 일대일 대응이 존재함을 증명하여라.

7. 정수의 집합 $\mathbb{Z}$과 모든 홀수의 집합 사이에 일대일 대응이 존재함을 증명하여라.

8. X, Y는 각각 m, n개의 원소를 지닌 유한집합일 때 다음이 성립함을 증명하여라.

(a) $m > n$이면 단사 $f: X \to Y$는 존재하지 않는다.

(b) $m \leq n$이면 꼭 $n!/(n-m)!$개의 단사가 존재한다

9. m개의 원소를 지닌 유한집합 X에 대하여 X에서 X 위로의 전단사는 모두 몇 개 있는가?

주의 유한집합에서 그 자신 위로의 전단사를 때로는 순열(permutation)이라고 한다.

10. 함수 $f: X \to Y$에 대하여 $A \subseteq X$, $B \subseteq Y$일 때 다음이 성립함을 증명하여라.

(a) f가 단사이면 $f^{-1}(f(A)) = A$

(b) f가 전사이면 $f(f^{-1}(B)) = B$

11. 함수 $f: X \to Y$가 단사일 때 A, B가 각각 집합 X의 부분집합이면 $f(A-B) = f(A) - f(B)$임을 증명하여라.

12. 다음은 정리 3.6.4의 역이다. 이것을 증명하여라.

함수 $f: X \to Y$에 대하여 f^{-1}가 Y에서 X로의 함수이면 f는 전단사이다.

13. 함수 $f: X \to Y$에 대하여 $f \circ 1_X = f = 1_Y \circ f$임을 증명하여라.

14. 전단사함수 $f: X \to Y$와 그 역함수 $f^{-1}: Y \to X$에 대하여 $f^{-1} \circ f = 1_X$, $f \circ f^{-1} = 1_Y$임을 각각 증명하여라.

15. 함수 $f: X \to Y$에 대하여 두 함수 $g: Y \to X$와, $h: Y \to X$가 존재함으로써 $g \circ f = 1_X$, $f \circ h = 1_Y$이면 $f: X \to Y$는 전단사적이고 $g = h = f^{-1}$임을 증명하여라.

16. 두 함수 $f: X \to Y$와 $g: Y \to Z$에 대하여 다음을 증명하여라.

(a) $f: X \to Y$와 $g: Y \to Z$가 모두 단사이면 $g \circ f: X \to Z$도 단사이다.

(b) $f: X \to Y$와 $g: Y \to Z$가 모두 전사이면 $g \circ f: X \to Z$도 전사이다.

17. X가 Y로의 관계 R과 Y에서 Z로의 관계 φ에 대하여 합성함수의 경우와 같이 이 두 관계의 합성(composition), 즉 X에서 Z로의 관계를 다음과 같이 정의한다.

$$\varphi \circ R = \{(x, z) \in X \times Z \mid (\exists y)[(x, y) \in R \wedge (y, z) \in \varphi]\}$$

다음을 증명하여라.

(a) $(\varphi \circ R)^{-1} = R^{-1} \circ \varphi^{-1}$

(b) 만약 IM가 Z에서 W로의 관계이면,

$$\mathfrak{J} \circ (\varphi \circ R) = (\mathfrak{J} \circ \varphi) \circ R$$

이다.

18. 두 전단사 $f: X \rightarrow Y$와 $g: Y \rightarrow Z$에 대하여 다음을 증명하여라.

$g \circ f: X \rightarrow Z$는 전단사이다. 그리고 역함수 $(g \circ f)^{-1}: Z \rightarrow X$는 두 역함수 $g^{-1}: Z \rightarrow Y$, $f^{-1}: Y \rightarrow X$의 합성함수

$$f^{-1} \circ g^{-1}: Z \rightarrow X$$

와 같다. 즉, $(g \circ f)^{-1} = f^{-1} \circ g^{-1}$.

3.7 동치관계와 함수

$f: A \to B$가 함수일 때, $G = \{(x, y) \mid f(x) = f(y)\}$라고 두면 G는 집합 A 위에서의 동치관계임을 알 수 있고, 이 관계 G를 **f에 의하여 결정된 동치관계(equivalence relation determined by f)**라고 부른다. 함수를 이용하여 하나의 동치관계를 만들어 보았다. 이제는 동치관계를 이용하여 하나의 함수를 만들어보자. G가 집합 A 위에서의 동치관계일 때, 함수 $f: A \to A/G$를 $f(x) = x/G$, $\forall x \in A$로 정의하면, f는 하나의 새로운 함수가 되고, 우리는 이 함수 f를 A에서 A/G로 가는 **표준함수(canonical function)**라고 부른다.

정리 3.7.1 G가 집합 A 위에서의 하나의 동치관계이고, f가 A에서 A/G로 가는 표준함수이면, G는 **f에 의하여 결정된 동치관계(equivalence relation determined by f)**이다.

증명

$f: A \to A/G$가 표준함수이고, $H = \{(x, y) \mid f(x) = f(y)\}$라고 두고 $G = H$임을 보이면 된다.

$$\begin{aligned}(x, y) \in G &\Leftrightarrow x/G = y/G \\ &\Leftrightarrow f(x) = f(y) \\ &\Leftrightarrow (x, y) \in H\end{aligned}$$ ■

A, B가 집합이고, 함수 $f: A \to B$가 있을 때, 표준함수를 포함하여 매우 재미있는 3가지 함수를 생각할 수 있다. 여기서 G를 함수 f에 의해서 결정된 동치관계라 하자. $r: A \to A/G$를 표준함수이라 하고, $s(x/G) = f(x)$, $\forall x \in A$로 정의된 A/G에서 $f(A)$로 가는 함수를 s라고 하자. 그리고, $t(y) = y$, $\forall y \in f(A)$로 정의된, $f(A)$에서 B로 가는 함수를 t라고 하자. 그러면 위의 함수 r은 전사, s는 전단사, t는 단사이고, $f = t \circ s \circ r$로 표시된다. 이것을 **f의 표준 분할 합성(canonical decomposition of f)**이라고 한다. 이 사실을 증명해 보자.

$$A \xrightarrow[\text{전사}]{r} A/G \xrightarrow[\text{전단사}]{s} f(A) \xrightarrow[\text{단사}]{t} B$$

증명

(i) r이 전사임을 보이자.

$$\forall x/G \in A/G,\ \exists x \in A \text{ s.t. } r(x) = x/G$$

이므로 r은 전사이다.

(ii) s가 전단사임을 보이자. 먼저 단사임을 보이도록 하자.

$$\begin{aligned} s(x/G) = s(y/G) &\Rightarrow f(x) = f(y) \quad (s\text{의 정의에 의하여}) \\ &\Rightarrow (x,\ y) \in G \quad (G\text{의 정의에 의하여}) \\ &\Rightarrow x/G = y/G \end{aligned}$$

이므로 s는 단사이다. 다음으로 s가 전사임을 보이자.

$$\forall f(x) \in f(A),\ \exists x \in A,\ x/G \in A/G \text{ s.t. } s(x/G) = f(x)$$

따라서 s는 전사이다.

(iii) $$t(y_1) = t(y_2) \Rightarrow y_1 = y_2 \quad (t\text{의 정의에 의하여})$$

이므로 t는 단사이다.

(iv) $f = t \circ s \circ r$임을 보이자.

$$\forall x \in A,\ t(s(r(x))) = t(s(x/G)) = t(f(x)) = f(x)$$

이다. 즉, $\forall x \in A,\ (t \circ s \circ r)(x) = f(x),\ t \circ s \circ r = f$. ■

연습문제..... 3.7

1. $f: A \to B$가 전사함수이고, G가 f에 의하여 결정된 동치관계이다. H가 $H \subseteq G$인 A에서 동치관계이면,

$$\overline{f}(H) = \{(f(x),\ f(y)) \mid (x,\ y) \in H\}$$

는 B에서 동치관계임을 보여라.

2. $f: A \to B$가 임의의 함수이고, G가 f에 의하여 결정된 동치관계이면, $G = f^{-1} \circ f$임을 보여라.

3. $f: A \to B$와 $g: B \to C$가 함수이고, G가 g에 의하여 결정된 동치관계이면, $\overline{\overline{f}}(G)$는 $g \circ f$에 의하여 결정된 동치관계임을 보여라.

4

부분순서 집합

Partially Ordered Sets

4.1 기본개념 및 정의

정의 4.1.1 G가 집합 X상에서 하나의 관계일 때,

$$(x,\ y) \in G \wedge (y,\ x) \in G \Rightarrow x = y$$

이면, G를 **반대칭적(antisymmetric)**이라고 한다. 위의 조건의 대우 명제를 보면, $x \neq y \Rightarrow (x,\ y) \notin G \vee (y,\ x) \notin G$이다.

여기서 반대칭적이라는 정의의 뜻을 더 분명히 알 수 있다.

예제 1 집합 X를 실수 전체 집합 $\mathbb{R}$이라고 하자. 이때,

$$G = \{(x,\ y) \mid x \leq y\}$$

이라고 두면, G는 반대칭적이다(그림 4.1.1).

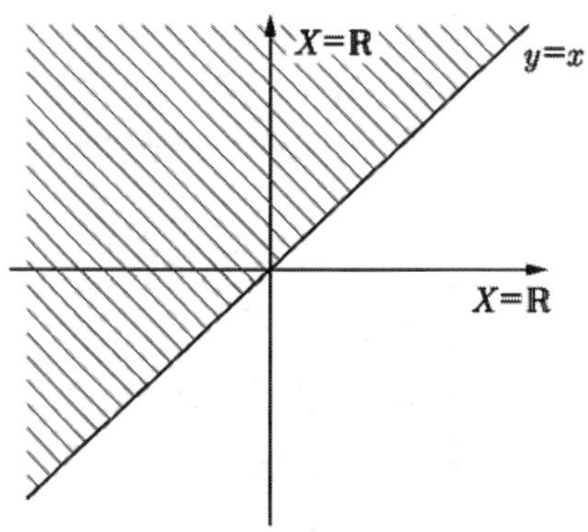

그림 4.1.1

정의 4.1.2 G가 집합 X 위의 하나의 관계이고, 반사적, 추이적, 반대칭적일 때, 이 관계 G를 **부분순서관계(partial order relation)**라고 한다. 그리고 집합 X와 집합 X 위의

하나의 부분순서관계 G를 동시에 생각해서 $(X,\ G)$로 표시하고, $(X,\ G)$를 **부분순서집합**(partially order set)이라 부른다. 특히, 우리는 G를 $\leq$로 표시하여, $(X,\ \leq)$로 표시하는 경우가 많다. 이렇게 표시함으로써 실수에서의 대소 관계와 같은 느낌을 갖게 하지만, 또한 실수의 대소 관계와는 다른 점이 많음을 명심해야 한다. 그리고, $\leq$ 표시도 생략하고, X가 부분순서집합이라고 말할 때 많다. 그러면, 그때는 어떤 부분순서관계가 주어져 있다고 생각하면 된다.

예제 2 $\mathcal{A}$를 하나의 집합족이라 하고, $\mathcal{A}$ 위의 하나의 관계 G를 다음과 같이 정의하자.

$$G=\{(A,\ B)\mid A\subseteq B\}$$

그러면 G는 반대칭적이고, $(\mathcal{A},\ G)$는 부분순서집합이다.

정의 4.1.3 부분순서집합 $(A,\ \leq)$가 임의의 $a,\ b\in A$에 대하여, $a\leq b$ 혹은 $b\leq a$일 때, $\leq$를 **전순서관계**(total order relation) 또는 **선형순서**(linear order)라 하고, $(A,\ \leq)$를 **전순서집합**(totally (or fully) ordered set) 또는 **선형순서집합**(linear ordered set)이라고 한다.

즉, 전순서관계란 집합 A의 임의의 두 원소 $a,\ b$가 관계 $\leq$의 원소라는 것이다. A의 부분집합 B가 있어서, B의 임의의 두 원소 $b_1,\ b_2$가 $b_1\leq b_2$ 혹은 $b_2\leq b_1$이면, B를 A의 **사슬**(chain)이라고 부른다. 이것은 **선분그림**(line diagram)으로 관계 $a\leq b$를 나타내면, B를 사슬이라고 부르는 이유가 분명해진다. 선분그림으로 나타내는 방법은 매우 간단하다. $x\leq y$일 때, x에서부터 위쪽으로 선분을 긋고, 선분의 위쪽 끝점에 y를 표시하면 된다. 예를 들어 살펴보자.

예제 3 $X=\{a,\ b,\ c,\ d,\ e\}$일 때,

$$G=\{(a,\ a),\ (b,\ b),\ (c,\ c),\ (d,\ d),\ (e,\ e),\ (b,\ a),\ (d,\ b),\ (c,\ a),\ (e,\ c),\ (d,\ c),\ (d,\ a),\ (e,\ a)\}$$

이면 $(X,\ G)$는 부분순서집합이다. 이것을 선분그림으로 나타내면 다음과

갈다(그림 4.1.2).

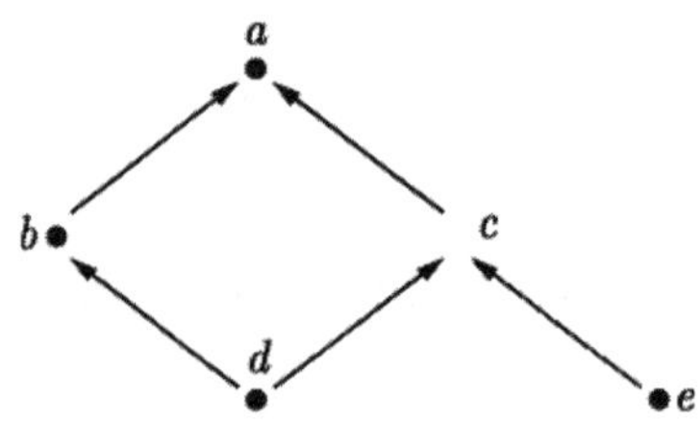

그림 4.1.2

정의 4.1.4 $(A, \leq)$가 부분순서집합이고, $a \in A$일 때,

$$S_a = \{x \in A \mid x < a\}$$

라고 두면, S_a를 a**에 의해서 결정된** A**의 앞절편(initial segment)**이라고 한다.

예제 4 앞의 예제 3에서, $S_a = \{b, c, d, e\}$, $S_b = \{d\}$, $S_c = \{d, e\}$이다.

정리 4.1.5 $(A, \leq)$가 부분순서집합이고, P가 어떤 a의 앞절편이고, Q가 P의 앞절편이면, Q는 A의 앞절편이다

증명

가정에 의하여, 어떤 $a \in A$에 대하여, $P = \{x \in A \mid x < a\}$이고, 또 어떤 $b \in P$에 대하여, $Q = \{x \in P \mid x < b\}$라고 둘 수 있다. $Q_1 = \{x \in A \mid x < b\}$라고 두면, Q_1은 A의 앞절편인 것은 분명하다. 그러면, $Q = Q_1$임을 보이면 증명은 끝난다. $P \subseteq A$이므로, $Q \subseteq Q_1$은 명백하다. 그러면, $Q_1 \subseteq Q$를 보이자. 만약

$$\begin{aligned} x \in Q_1 &\Rightarrow x \in A,\ x < b \wedge b < a (\because b \in P) \\ &\Rightarrow x \in A,\ x < a \\ &\Rightarrow x \in P,\ x < b \\ &\Rightarrow x \in Q \end{aligned}$$

■

정의 4.1.6 $(A, \leq)$가 부분순서집합일 때, 다음 조건을 만족하는 $(L,\ U)$쌍을 A의 절단(cut)이라고 한다.

(i) $L \cap U = \varnothing \wedge L \cup U = A$

(ii) $x \in L \wedge y \leqq x \Rightarrow y \in L$

(iii) $x \in U \wedge x \leqq y \Rightarrow y \in U$

예제 5 다음의 선그림과 같이 부분순서집합이 주어져 있다고 하자. 그러면, $\{a,\ b,\ c\}$, $\{d,\ e,\ b,\ c\}$ 각각은 A의 하나의 사슬이다. 그리고, $S_e = \{b,\ c,\ f\}$ 또한 $L = \{a,\ b,\ c\}$, $U = \{d,\ e,\ f\}$이면, $(L,\ U)$는 A의 하나의 절단이라고 할 수 있다(그림 4.1.3).

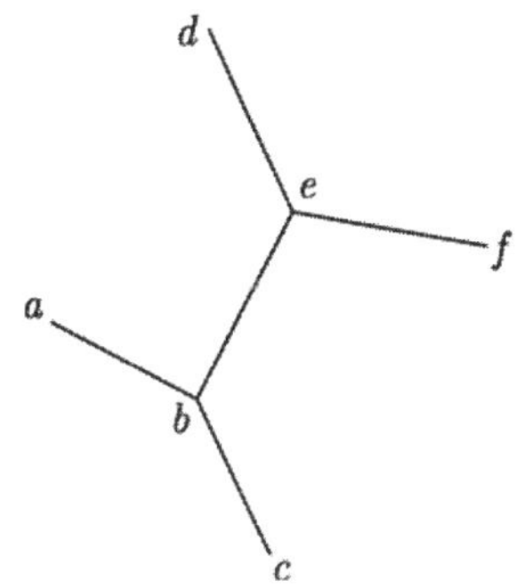

그림 4.1.3

연습문제..... 4.1

1. $A=\{a, b, c, d\}$라 하자. $P(A)$가 포함관계에 의해서 순서가 정해졌을 경우 $P(A)$의 선분 그림을 그려라.

2. A가 다음 선 그림에 의해 정의되는 부분 순서집합이라 하자. A의 모든 앞절편과 모든 절단과 사슬을 구하여라.

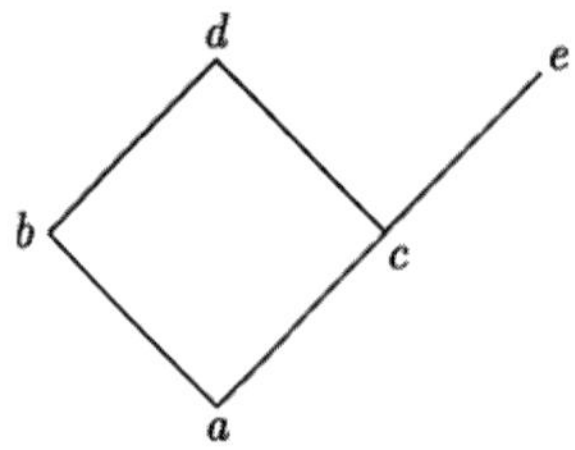

3. G가 부분순서집합 A에서의 동치관계이고, 다음 조건이 성립한다고 가정하자. $x \underset{G}{\sim} z$이며, $x \le y \le z$이면 $y \underset{G}{\sim} z$이다. 이 경우 A/G에서의 관계 H를 $H=\{(G_x, G_y) \mid \exists\, w \in G_x,\ \exists\, z \in G_y \text{ s.t. } w \le z\}$로 정의하면 H는 A/G에서 부분순서관계가 됨을 증명하여라.

4.2 순서가 보존되는 함수 Order-Preserving Function

정의 4.2.1 $(A, \leq)$, $(B, \leq')$가 부분순서집합이고, 함수 $f: A \to B$가 다음 조건을 만족할 때, f를 **증가(increasing)** 혹은 **순서보존(order-preserving)함수**라고 한다.

$$\forall x, y \in A, x \leq y \Rightarrow f(x) \leq' f(y)$$

만약 $\forall x, y \in A, x < y \Rightarrow f(x) <' f(y)$이면 f가 **단조증가(strictly increasing)함수**라고 한다.

정의 4.2.2 $(A, \leq)$, $(B, \leq')$가 부분순서집합이고, 함수 $f: A \to B$가 다음 조건을 만족할 때, f를 **동형사상(isomorphism)**이라고 한다.

(i) $f: A \to B$가 전단사 함수이다.

(ii) $\forall x, y \in A, x \leq y \Leftrightarrow f(x) \leq' f(y)$

예제 1

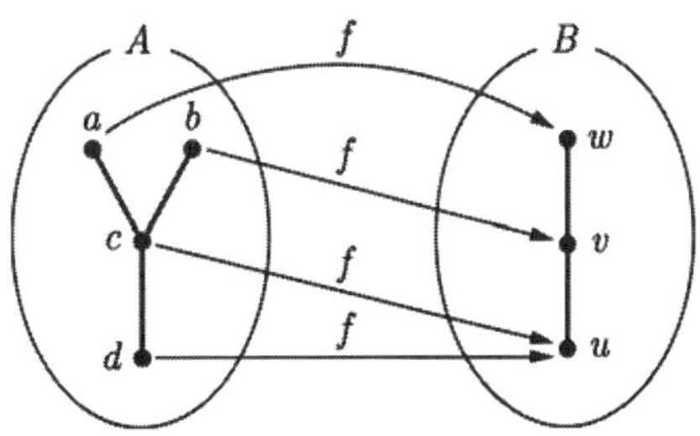

그림 4.2.1 $f: A \to B$는 증가함수

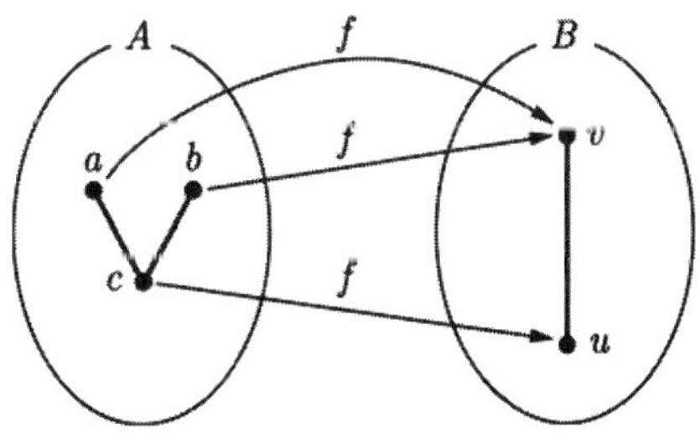

그림 4.2.2 $f: A \to B$는 단조증가함수

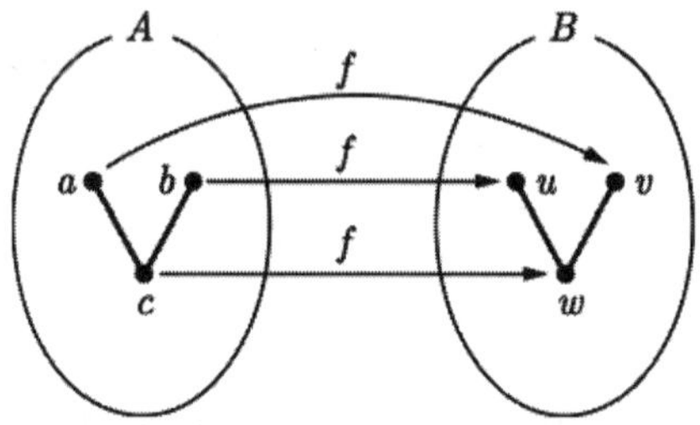

그림 4.2.3 $f: A \to B$는 동형사상

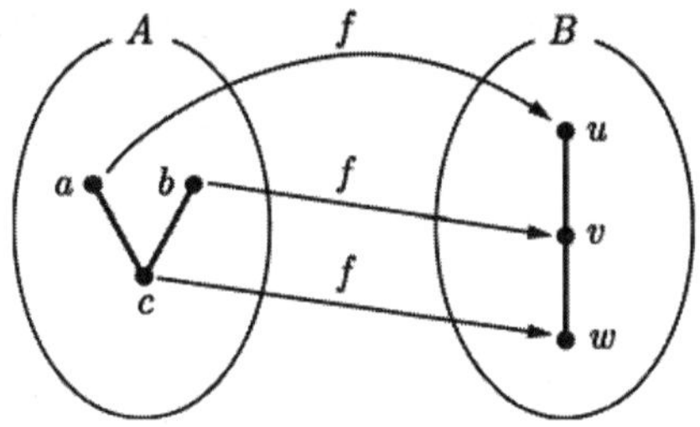

그림 4.2.4

$f: A \to B$는 전단사이고 증가함수이지만 동형사상은 아니다.

정리 4.2.3 $(A, \leq)$, $(B, \leq')$가 각각 부분순서집합이고, 만약 $f: A \to B$가 동형사상이면,

$$x < y \Leftrightarrow f(x) <' f(y)$$

이다.

증명

(i) $x < y \Rightarrow x \leqq y$

$\Rightarrow f(x) \leq' f(y)$ (f가 동형사상)

$\Rightarrow f(x) <' f(y)$

(만약, $f(x) = f(y)$이라 하면, $x = y$이므로 가정에 모순)

(ii) $f(x) <' f(y) \Rightarrow f(x) \leq' f(y)$

$\Rightarrow x \leq y$ (f가 동형사상)

$$\Rightarrow x < y$$

(만약, $x = y$이라 하면, $f(x) = f(y)$이므로 가정에 모순) ■

정리 4.2.4 $(A, \le)$, $(B, \le')$가 각각 부분순서집합이고, $f: A \to B$가 전단사함수이면, $f: A \to B$가 동형사상일 필요충분조건은 $f: A \to B$와 $f^{-1}: B \to A$가 증가(increasing)함수이다.

증명

f가 전단사함수이므로, $\forall x \in A$, $f^{-1}(f(x)) = x$를 알 수 있다. 이제 f, f^{-1}가 증가함수라고 가정하자. 그러면,

$$f(x) \le' f(y) \Rightarrow f^{-1}(f(x)) \le' f^{-1}(f(y)) \quad (f^{-1}\text{가 증가함수})$$
$$\Rightarrow x \le y$$

이다. 그리고, f가 증가함수이므로, $x \le y \Rightarrow f(x) \le' f(y)$이다. 그러므로 f는 동형사상이다. 역으로, 만약 f가 동형사상이면, f는 증가함수임은 명백하다. 그리고

$$f(x) \le' f(y) \Rightarrow x \le y$$
$$\Rightarrow f^{-1}(f(x)) \le f^{-1}(f(y))$$

즉, f^{-1}가 증가함수임을 알 수 있다. ■

정의 4.2.5 $(A, \le)$, $(B, \le')$가 각각 부분순서집합이고, A에서 B로 가는 동형사상이 존재하면, A와 B는 **동형(isomorphic)**이라고 말한다. 이때 $A \cong B$로 나타내는 경우가 많다.

연습문제..... 4.2

1. $f: A \to B$가 증가함수일 경우 C가 A의 사슬이면 $\overline{f}(C)$는 B의 사슬임을 증명하여라.

2. C를 부분순서 집합의 부분집합이라고 하자. C의 임의의 두 원소 a, b에 대하여 $a \leq x \leq b$이면 $x \in C$가 성립할 경우, C를 볼록하다고 한다. f가 부분순서 집합 A에서 부분순서 집합 B로의 증가함수일 때 C가 B의 볼록 부분집합이면 $\overline{\overline{f}}(C)$는 A의 볼록 부분집합임을 증명하여라.

3. A와 B가 부분순서 집합일 경우 $f: A \to B$가 증가함수이며, H는 f에 의해 정의된 동치관계라 하자. 이때 H를 法으로 하는 동치류는 A의 볼록부분류임을 증명하여라.

4. A, B가 부분순서 집합일 경우 $f: A \to B$는 $\overline{f}(A) = B$가 되는 증가함수라고 하자. 이때 (L, U)가 B의 절단이면 $(\overline{\overline{f}}(L), \overline{\overline{f}}(U))$도 A의 절단임을 증명하여라.

5. A, B가 부분순서 집합, $f: A \to B$가 동형사상일 경우 다음을 증명하여라.

(a) C가 A의 볼록 부분집합이면 $\overline{f}(C)$도 B의 볼록 부분집합이다.

(b) (L, U)가 A의 절단이면 $(\overline{f}(L), \overline{f}(U))$도 B의 절단이다.

(c) $[a, b]$가 A의 폐구간이면 $\overline{f}([a, b])$도 B의 폐구간이다.

($a, b \in A$일 경우 집합 $\{x \in A \mid a \leq x \leq b\}$를 A의 폐구간이라 하며 이를 $[a, b]$로 적는다.)

6. E, F가 부분순서 집합이며 $g: E \to F$가 동형사상일 경우, 임의의 $x \in E$에 대해 $\overline{g}(S_x) = S_{g(x)}$임을 증명하여라. 또, $S_x \cong S_{g(x)}$임을 밝혀라.

7. A가 부분순서 집합일 경우, 임의의 $a \in A$에 대하여

$$I_a = \{x \in A \mid x \leq a\}$$

이며 또한 $\varphi = \{I_a\}_{a \in A}$인, φ에 포함관계에 의해 순서가 정해졌다면 φ는 A와 동형임을 증명하여라.

8. A, B, C가 서로소인 부분 순서일 경우, $A \cong B$이면

$$(A \cup C) \cong (B \cup C)$$

임을 증명하여라.

9. 부분순서 집합 A에 대해서,

$$L_x = \{z \in A \mid z \leq x\}, \quad U_x = \{z \in A \mid z \not\leq x\}$$

일 경우 다음을 증명하여라.

(a) 임의의 $x \in A$에 대해 (L_x, U_x)는 A의 절단이다.

(b) $\psi(x) = (L_x, U_x)$에 의해 정의된 함수 ψ는 A와 위에서 기술한 꼴에 대한 절단 집합 사이의 동형이다.

4.3 극대원소와 극소원소 Maximal element and Minimal element

정의 4.3.1 $(A, \leq)$가 부분순서집합이라고 하자. 조건

$$\forall x \in A,\ x \geq m \Rightarrow x = m$$

를 만족하는 $m \in A$을 **극대원소(maximal element)**라고 한다. 또한 조건

$$\forall x \in A,\ x \leq n \Rightarrow x = n$$

를 만족하는 $n \in A$을 **극소원소(minimal element)**라고 한다.

정의 4.3.2 $(A, \leq)$가 부분순서집합이라고 하자. $\forall x \in A,\ x \leq a$이면, $a \in A$를 A의 **최대원소(greatest element)**라 한다. 그리고 $\forall x \in A,\ b \leq x$이면, $b \in A$를 A의 **최소원소 (least element)**라 한다.

주의 부분순서집합 $(A, \leq)$가 최대원소를 가지면, 그것은 유일하다. 왜냐하면, 만약 a와 a'두 개를 A가 최대원소로 갖는다면,

$$a \leq a' \text{이고, } a' \leq a$$

이다. 그러므로 A의 반대칭적 성질에서, $a = a'$이다. 마찬가지 방법으로 생각하면, A의 최소원소도 유일하다.

정의 4.3.3 $(A, \leq)$가 부분순서집합이고, B가 A의 부분집합일 때, $\forall x \in B,\ x \leq a$이면, a를 **A 안에서 B의 하나의 상계(upperbound of B in A)**라고 한다. 또, $\forall x \in B,\ b \leq x$이면, b를 **A 안에서 B의 하나의 하계(lower bound of B in A)**라고 한다. B의 모든 상계들의 집합을 $v(B)$, B의 모든 하계들의 집합을 $\lambda(B)$라고 표시하는 경우가 많다.

정의 4.3.4 만약 $v(B)$가 최소원소를 가지면, 그것을 **A 안에서 B의 최소상계(least**

upper bound)라고 부른다. 또는, 그것을 A **안에서** B**의 상한**(the supremum of B in A)이라고도 부르고, $\sup_A B$ 또는 $\sup B$라고 표시한다. 만약 $\lambda(B)$가 최대원소를 가지면, 그것을 A **안에서** B**의 최대하계**(greatest lower bound of B in A)라고 부른다. 또는 그것을 A **안에서** B**의 하한**(the infimum of B in A)이라고도 부르고, $\inf_A B$ 또는 $\inf B$라고 표시한다.

예제 1 두 개의 부분순서집합이 다음 그림과 같이 주어져 있다.

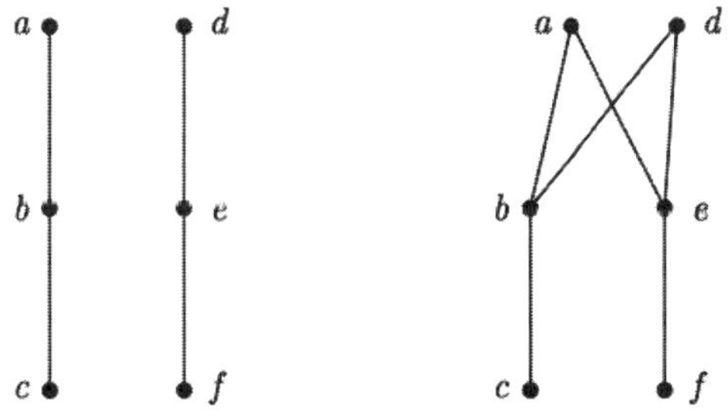

그림 4.3.1 그림 4.3.2

그림 4.3.1과 그림 4.3.2에서 최대원소, 최소원소는 없다. 그러나 극대원소는 a, d, 극소원소는 c, f임을 알 수 있다. 그림 4.3.2에서 $B=\{b, c, e, f\}$라고 두면, $v(B)=\{a, d\}$이고, $\sup B$는 존재하지 않는다. 그림 4.3.2에서 $C=\{a, b, c, e, f\}$라고 두면 $\sup_c B=a$임을 알 수 있다.

예제 2 $\mathbf{A}$를 집합들의 집합족이라 하자. $(\mathbf{A}, \subseteq)$는 부분순서 집합이 된다. $\mathbf{B}=\{B_i\}_{i\in I}$를 $\mathbf{A}$의 부분집합족이고, $\bigcup_{i\in I} B_i$와 $\bigcap_{i\in I} B_i$가 $\mathbf{A}$에 속한다고 가정하자. 그러면 $\sup\mathbf{B}=\bigcup_{i\in I} B_i$이고 $\inf\mathbf{B}=\bigcap_{i\in I} B_i$임을 알 수 있다. 왜냐하면, $\forall B_i \subseteq \bigcup_{i\in I} B_i$이므로, $\bigcup_{i\in I} B_i$는 $\mathbf{B}$의 하나의 상계이다. 만약 C가 $\mathbf{B}$의 임의의 상계이면, $B_i \subseteq C$, $\forall i\in I$이다. 따라서, $\bigcup_{i\in I} B_i \subseteq C$. 그러므로 $\bigcup_{i\in I} B_i$가 $\mathbf{B}$의 최소상계, 즉,

$$\sup \boldsymbol{B} = \bigcup_{i \in I} B_i$$

가 된다. 또한, $\bigcap_{i \in I} B_i \subseteq B_i$, $\forall i \in I$이므로 $\bigcap_{i \in I} B_i$는 $\boldsymbol{B}$의 하나의 하계이다. 만약, D가 $\boldsymbol{B}$의 다른 임의의 하계이면, $D \subseteq B_i$, $\forall i \in I$이다. 따라서 $D \subseteq \bigcap B_i$, 즉, $\bigcap_{i \in I} B_i$가 $\boldsymbol{B}$의 최대하계, $\inf \boldsymbol{B} = \bigcap_{i \in I} B_i$이다.

4.4 상대성 Duality

G가 A에서의 부분순서관계이면, G^{-1}도 역시 A에서의 부분순서관계이다. 그래서 두 개의 부분순서 집합 (A, G)와 (A, G^{-1})를 생각할 수 있다.

두 개의 부분순서집합들 사이에 다음과 같은 재미있는 현상들을 볼 수 있다.

- a가 (A, G)의 극대원소이다. $\Leftrightarrow$ a가 (A, G^{-1})의 극소원소이다.
- a가 (A, G)의 최소원소이다. $\Leftrightarrow$ a가 (A, G^{-1})의 최대원소이다.
- $B \subseteq A$일 때, b가 (A, G)에서 B의 상계이다. $\Leftrightarrow$ b가 (A, G^{-1})에서 B의 하계이다.
- b가 (A, G)에서 B의 최소상계이다. $\Leftrightarrow$ b가 (A, G^{-1})에서 B의 최대하계이다.

위에서 왼쪽 명제와 오른쪽 명제는 서로 **상대(Dual)**라고 부른다. 만약 P가 (A, G)에 참이면, P'을 P의 상대라고 하면, P'는 (A, G^{-1})에서 참이다. 그래서 어떤 정리를 증명하면, 그 정리의 상대는 참임을 알 수 있다.

정리 4.4.1 A가 최대원소 a, B가 최대원소 b를 가지고, $A \subseteq B$이면, $a \leq b$이다.

증명

b가 B의 최대원소이므로, $\forall x \in B,\ x \leq b$이다. $A \subseteq B$이고, $a \in A$이므로, $a \in B$이다. 그래서 $a \leq b$임을 알 수 있다. ■

정리 4.4.1의 상대정리 A가 최소원소 a, B가 최소원소 b를 가지고, $A \subseteq B$이면 $a \geq b$이다.

정리 4.4.2 B, C가 A의 부분집합이고, $B \subseteq C$이면 $v(C) \subseteq v(B)$이다.

증명

$x \in v(C) \Rightarrow y \leq x,\ \forall y \in C$

$\Rightarrow y \leq x,\ \forall y \in B \quad (B \subseteq C$이므로)

$\Rightarrow x \in v(B)$ ■

정리 4.4.2의 상대정리 만약 $B \subseteq C$이면, $\lambda(C) \subseteq \lambda(B)$이다.

정리 4.4.3 B, C가 A의 부분집합이고, $\sup_A B$, $\sup_A C$가 존재한다고 가정하고, $B \subseteq C$이면, $\sup_A B \leq \sup_A C$이다

증명

정리 4.4.2에 의하여, $v(C) \subseteq v(B)$. 여기에 정리 4.4.1의 상대정리를 적용하면, $\sup_A B \leq \sup_A C$이다. ■

정리 4.4.3의 상대정리 만약 $\inf_A B$, $\inf_A C$가 존재한다고 가정하고, $B \subseteq C$이면, $\inf_A C \leq \inf_A B$이다.

정리 4.4.4 $B \subseteq A$이면, $B \subseteq v(\lambda(B))$이다.

증명

$x \in B \Rightarrow y \leq x,\ \forall y \in \lambda(B)$

$\Rightarrow x$가 $\lambda(B)$의 상계이다

$\Rightarrow x \in v(\lambda(B))$ ■

정리 4.4.4의 상대정리 $B \subseteq \lambda(v(B))$

정리 4.4.5 $(A, \leq)$가 부분순서집합이고, $B \subseteq A$일 때, $\sup_A \lambda(B)$가 존재한다고 가정하면, $\inf_A B$가 존재하고, $\inf_A B = \sup_A \lambda(B)$이다.

증명

$a = \sup_A \lambda(B)$라고 두자. $b \in B$라고 가정하면, $\forall c \in \lambda(B)$, $c \leq b$이다. 따라서 b는 $\lambda(B)$의 하나의 상계이다. 그러므로 $a \leq b$이다. 다시 말하면, 모든 $b \in B$에 대하여, $a \leq b$이므로, a가 B의 하나의 하계라고 말할 수 있다. 지금 만약 d가 B의 임의의 하계라면, $d \in \lambda(B)$이다. $a = \sup_A \lambda(B)$에 대하여, $d \leq a$. 즉, a가 B의 임의의 하계 d보다 크므로, $\inf_A B = \sup_A \lambda(B)$이다. ■

정리 4.4.5의 상대정리 $\inf_A v(B)$가 존재하면, $\sup_A B$가 존재하고, $\sup_A B = \inf_A v(B)$이다.

정의 4.4.6 $(A, \leq)$가 부분순서집합이라고 하자. A의 공집합이 아닌 위로 **유계(bounded)**인 임의의 부분집합이, sup을 가지면 A를 **조건부완비(conditionally complete)**라고 말한다.

정리 4.4.7 다음 (i), (ii)는 서로 동치이다.

(i) A의 공집합이 아닌 위로 유계인 임의의 부분집합이 sup을 가진다.

(ii) A의 공집합이 아닌 아래로 유계인 임의의 부분집합이 inf를 가진다.

증명

(i) ⇒ (ii); B를 아래로 유계이고, 공집합이 아닌 A의 부분집합이라고 하자. 그러면, B가 아래로 유계이므로, $\lambda(B) \neq \varnothing$이다. 그리고, 모든 B의 원소들은 $\lambda(B)$의 하나의 상계이다. 그러므로 $\lambda(B)$는 위로 유계이다. 따라서 (i)에 의하여 $\lambda(B)$는 sup을 갖는다. 정리 4.4.5에 의하여 B는 inf를 갖는다.

(ii) ⇒ (i); D를 위로 유계이고, 공집합이 아닌 A의 부분집합이라고 하자. 그러면 D가 위로 유계이므로, $v(D) \neq \varnothing$이다. 그리고, 모든 D의 원소들은 $v(D)$의 하나의 하계이다. 그러므로, $v(D)$는 아래로 유계이다. 따라서 (ii)에 의하여 $v(D)$는 inf를 가진다. 결과적으로 정리 4.4.5의 상대정리에 의하여 $\sup_A D = \inf_A v(D)$이므로, D가 sup을 갖는다. ■

위의 정리 4.4.7에 의하여, 조건부완비(conditionally complete)를 정리 4.4.7의 (i), (ii) 중 어느 하나를 만족할 때도 정의할 수 있다.

연습문제..... 4.3, 4.4

1. $B \subseteq A$일 경우, 만일 B가 최대원 b를 가진다면 $b = \sup B$임을 증명하여라.

2. $B \subseteq A$일 경우, $v(B) = v(\lambda(v(B)))$임을 증명하여라.

Hint 정리 4.4.2, 4.4.3 이용

3. $B \subseteq A$, $C \subseteq A$일 경우, $\lambda(B \cup C) = \lambda(B) \cap \lambda(C)$임을 증명하여라.

4. $B \subseteq A$일 경우, $b = \sup B$이면 $\lambda(v(B)) \cap v(B) = \{b\}$임을 증명하여라.

5. $C \subseteq B$, $B \subseteq A$일 경우 $\sup_A C \leq \sup_B C$임을 증명하여라.

6. B와 C가 부분순서 집합 A의 부분집합이라고 하자. 이때, $\sup B = \sup C$이면, $v(B) = v(C)$임을 증명하여라.

7. A와 B가 부분순서 집합일 경우 $f: A \to B$를 증가함수라고 하자. 이때, a가 A의 최대원이면 $f(a)$는 $\overline{f}(A)$의 최대원임을 증명하여라.

8. A와 B가 부분순서 집합일 경우 $f: A \to B$가 증가함수일 경우, $C \subseteq A$라고 가정하자. 이때 c가 C의 상계이면 $f(c)$는 $\overline{f}(C)$의 상계임을 증명하여라.

9. A와 B가 부분순서 집합이며 $f: A \to B$가 동형사상일 경우, 다음을 증명하여라.

(a) a가 A의 극대원일 필요충분조건은 $f(a)$가 B의 극대원이다.

(b) a가 A의 최대원일 필요충분조건은 $f(a)$가 B의 최대원이다.

(c) $C \subseteq A$일 경우, x가 C의 상계일 필요충분조건은 $f(x)$는 $\overline{f}(C)$의 상계이다.

(d) $b = \sup C$일 필요충분조건은 $f(b) = \sup \overline{f}(C)$의 상계이다.

10. A가 부분순서 집합이라 할 경우, 다음을 증명하여라.

(a) A의 모든 부분집합이 상한 및 하한을 가지면, A는 최소원 및 최대원을 가진다.

(b) 다음 두 명제는 동치이다.

㉠ A의 모든 부분집합은 상한을 가진다.

㉡ A의 모든 부분집합은 하한을 가진다.

4.5 격자 Lattice

정의 4.5.1 $(A, \leq)$가 부분순서집합이고, $\forall x, y \in A$에 대하여 $\{x, y\}$가 A 안에서 sup와 inf를 가질 때, A를 **격자(lattice)**라고 부른다.

주의 앞으로 $\sup\{x, y\}$를 $x \vee y$, $\inf\{x, y\}$를 $x \wedge y$로 나타내고 $x \vee y$를 x와 y의 **결합(join)**, $x \wedge y$를 x와 y의 **만남(meet)**이라고 부른다. 간단히 $x \vee y$를 "x join y" $x \wedge y$를 "x meet y"리고 읽으면 편리하다.

a, b, c가 격자 A의 원소일 때, 다음 간단한 사실들을 쉽게 알 수 있다.

기본 1 $a \leq a \vee b$, $b \leq a \vee b$

왜냐하면 $a \vee b$가 a와 b의 하나의 상계이기 때문에 위의 사실이 성립한다.

기본 2 $a \leq c$, $b \leq c \Rightarrow a \vee b \leq c$

즉 $a \vee b$가 a와 b의 최소상계이므로, a, b의 임의의 상계 c보다 작다.

기본 3 $a \wedge b \leq a$, $a \wedge b \leq b$

기본 4 $c \leq a$, $c \leq b \Rightarrow c \leq a \wedge b$

정리 4.5.2 A가 격자이면, $x, y, z \in A$에 대하여 다음 성질이 성립한다.

L1. $x \vee x = x$, $x \wedge x = x$

L2. $x \vee y = y \vee x$, $x \wedge y = y \wedge x$

L3. $(x \vee y) \vee z = x \vee (y \vee z)$, $(x \wedge y) \wedge z = x \wedge (y \wedge z)$

L4. $(x \vee y) \wedge x = x$, $(x \wedge y) \vee x - x$

증명

L1의 증명; 기본 1에 의하여, $x \le x \vee x$

기본 2에 의하여, $x \vee x \le x$

그러므로 A의 반대칭성에 의하여, $x \vee x = x$이다.

마찬가지로, 기본 3에 의하여, $x \wedge x \le x$

기본 4에 의하여, $x \le x \wedge x$

그러므로 A의 반대칭성에 의하여, $x \wedge x = x$이다.

L2의 증명; $\{x, y\} = \{y, x\}$이므로 자명하다.

L3의 증명; 기본 1에 의하여,

$$x \le x \vee (y \vee z), \ y \le y \vee z \le x \vee (y \vee z)$$

기본 2에 의하여, $x \vee y \le x \vee (y \vee z)$

기본 1에 의하여, $z \le y \vee z \le x \vee (y \vee z)$

기본 2에 의하여, $(x \vee y) \vee z \le x \vee (y \vee z)$

마찬가지로, $x \vee (y \vee z) \le (x \vee y) \vee z$를 보이기 위하여

기본 1에 의하여,

$$y \le x \vee y \le (x \vee y) \vee z, \ z \le (x \vee y) \vee z,$$

기본 2에 의하여, $y \vee z \le (x \vee y) \vee z$

기본 1에 의하여, $x \le x \vee y \le (x \vee y) \vee z$

기본 2에 의하여, $x \vee (y \vee z) \le (x \vee y) \vee z$

그러므로 L3이 성립한다. $(x \wedge y) \wedge z = x \wedge (y \wedge z)$는 **상대성(duality)**에 의하여 알 수 있다.

L4의 증명; $(x \vee y) \wedge x = x$를 증명하는 것은 $x = \inf\{x \vee y, x\}$를 증명하는 것과 같다. 그런데, 기본 1에 의하여, $x \le x \vee y$, $x \le x$이므로 z를 $\{x \vee y, x\}$의 임의의 하계라고 하면, 즉 $z \le x \vee y$, $z \le x$이므로 x가 $\{x \vee y, x\}$의 최대하계, inf임을 알 수 있다. 따라서 $(x \vee y) \wedge x = x$이다. $(x \wedge y) \vee x = x$의 증명은 상대성에 의하여 알 수 있다. ■

지금까지 살펴본 격자의 중요한 성질 L1~L4를 바탕으로 격자를 다음과 같이 새롭게 정의할 수 있다.

L1에서 L4까지의 성질을 만족하는 두 개의 연산 $\vee$, $\wedge$를 갖는 대수적 구조로써 격자를 정의할 수 있다.

위의 정의를 뒷받침해 줄 정의를 살펴보자.

정리 4.5.3 L1에서 L4까지의 성질을 만족하는, 두 개의 연산 $\vee$, $\wedge$이 정의된 대수적 구조를 갖는 집합 A가 있다고 하자. 여기서 A에서의 관계 $x \le y$를 $x \vee y = y$로 정의하면, $\le$는 A에서 부분순서관계가 되고, A는 격자가 된다.

증명

먼저 관계 $\le$이 부분순서관계임을 보이자.

(i) 반사적(reflexive); L1에 의해서, $x \vee x = x$, 그러므로 정의에 의하여, $x \le x$.

(ii) 반대칭적(antisymmetric); $x \le y$이고 $y \le x$이라고 가정하자. 정의에 의하여 $x \vee y = y$, $y \vee x = x$이고, L.2에 의하여

$$x \vee y = y \vee x,$$

그러므로 $x = y$이다.

(iii) 추이적(transitive); $x \le y$이고 $y \le z$이라고 가정하자. 그러면 정의에 의하여 $x \vee y = y$, $y \vee z = z$이다. 따라서,

$$x \vee z = x \vee (y \vee z) = (x \vee y) \vee z = y \vee z = z$$

이다. 그러므로 정의에 의하여 $x \le z$이다.

다음으로 $x \vee y$가 x와 y의 최소상계임을 보이자.

$$x \vee (x \vee y) = (x \vee x) \vee y = x \vee y$$

이다. 그래서, 정의에 의하여, $x \le x \vee y$이다. 또

$$y \vee (x \vee y) = y \vee (y \vee x) = (y \vee y) \vee x = y \vee x = x \vee y$$

이다. 그러므로, $y \leq x \vee y$이다. 따라서 $x \vee y$는 x와 y의 하나의 상계이다. 그러면, z를 x와 y의 임의의 상계라고 하자. 즉, $x \leq z$, $y \leq z$이다. 정의에 의하여,

$$x \vee z = z,\ y \vee z = z$$
$$(x \vee y) \vee z = x \vee (y \vee z) = x \vee z = z$$

이다. 다시 정의에 의하여, $x \vee y \leq z$.

결과적으로, $x \vee y$가 x와 y의 최소상계, 즉 $x \vee y = \sup\{x, y\}$이다. $x \wedge y = \inf\{x, y\}$임도 $x \vee y = y$와 $x \wedge y = x$가 동치임을 고려하여 같은 방법으로 보일 수 있다. 그러므로 A는 격자(lattice)이다. ■

정의 4.5.4 A가 격자(lattice)이고 B가 A의 부분집합일 때, $\forall x, y \in B$이고, $x \vee y \in B$, $x \wedge y \in B$이면 B를 A의 **부분격자(sublattice)**라고 한다.

예제 1

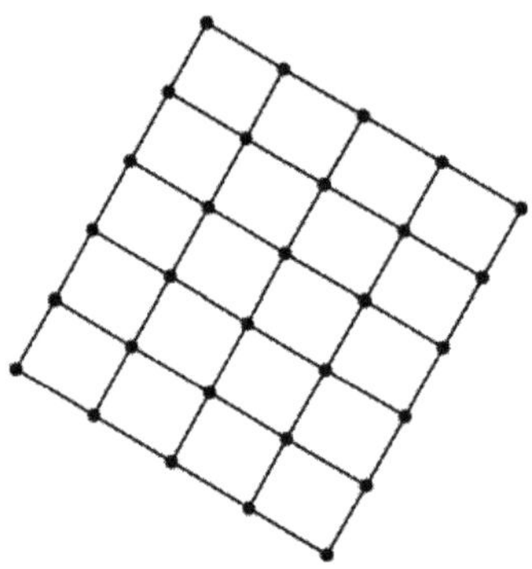

A : 격자

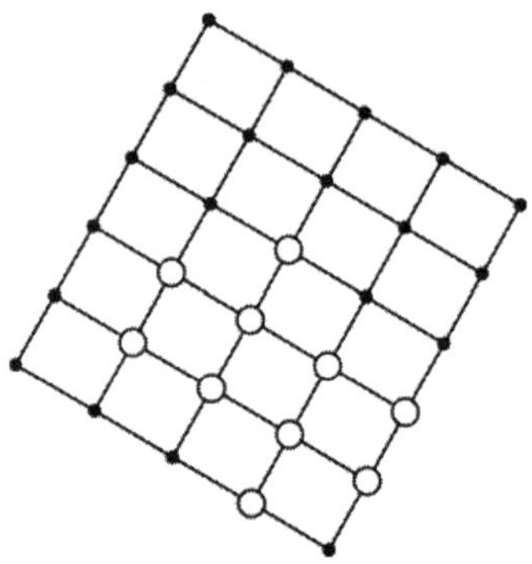

B는 부분격자가 아니다

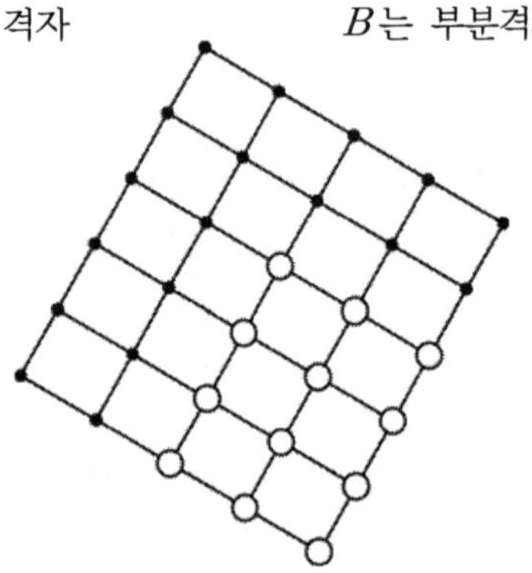

B는 부분격자이다

정의 4.5.5 격자 A가 다음과 같은 L5, L6, L7의 성질을 추가적으로 더 만족하면, A를 Boolean algebra라고 한다.

L5. $\exists\, 0,\ 1 \in A$ s.t. $\forall x \in A,\ x \vee 0 = x,\ x \wedge 1 = x$

L6. $\forall x \in A,\ \exists x' \in A$ s.t. $x \wedge x' = 0,\ x \vee x' = 1$

L7. $x \vee (y \wedge z) = (x \vee y) \wedge (x \vee z),\ x \wedge (y \vee z) = (x \wedge y) \vee (x \wedge z)$

예제 2 집합 X의 멱집합에서 두 개의 연산으로 집합의 $\cup$과 $\cap$를 생각하고 0를 $\varnothing$, 1를 전체집합 X, A'를 A의 여집합이라고 생각하면 L1~L7를 만족하는 Boolean algebra의 좋은 예라고 할 수 있다.

정의 4.5.6 A가 부분순서집합일 때, A의 모든 부분집합이 sup를 가질 때, A를 **완비격자(complete lattice)**라고 한다. 다음의 정리 4.5.7에서 보는 것처럼, A의 모든 부분집합이 inf를 가질 때도 역시 A를 완비격자라고 한다.

정리 4.5.7 A가 부분순서집합이면, 다음은 동치이다.

(i) A의 모든 부분집합이 하나의 sup을 갖는다.

(ii) A의 모든 부분집합이 하나의 inf를 갖는다.

증명

(i) $\Rightarrow$ (ii); $A \subseteq A$이므로, A도 역시 sup을 갖게 되고, 그것은 A의 최대원소가 된다. 또 $\varnothing \subseteq A$이므로 $\varnothing$도 역시 sup을 갖게 되고, 이것은 A의 최소원소가 된다. 그래서 A의 최대원소를 M, A의 최소원소를 m이라고 하자. B를 A의 임의의 부분집합이라고 하자. 만약 B가 $\varnothing$이면, $\inf B = M$이다. 만약 $B \neq \varnothing$이면, B는 m에 의하여, 아래로 유계이다. 그러므로 정리 4.4.7에 의하여, B는 inf를 갖는다. 따라서 (ii)가 성립한다.

(ii) $\Rightarrow$ (i); 상대성에 의하여, 같은 방법으로 쉽게 증명된다. ■

예제 3 A를 임의 집합이라 두고, R를 A 위에서의 모든 동치관계들의 집합이라고 두면, $(R, \subseteq)$는 부분순서집합이고, 완비격자가 된다.

연습문제..... 4.5

1. A가 L1~L4를 만족하는 두 연산 $\wedge$과 $\vee$을 갖는 집합일 경우, 다음을 증명하여라.

$$x \vee y = y \Leftrightarrow x \wedge y = x$$

2. 정리 4.5.3로부터 $x \wedge y = \inf\{x, y\}$임을 증명하여라.

3. A가 격자일 경우 다음 명제들이 참임을 증명하여라.

(a) $a \le b \Rightarrow \forall x \in A,\ a \vee x \le b \vee x$ 및 $a \wedge x \le b \wedge x$

(b) $a \le b$ 및 $c \le d \Rightarrow a \vee c \le b \vee d$ 및 $a \wedge c \le b \wedge d$

4. A가 격자이고, $[a, b]$와 $[c, d]$가 A에서 폐구간일 경우

$$[a, b] \cap [c, d] = [a \vee c,\ b \wedge c]$$

임을 증명하여라.

Hint 연습문제 4.2의 5, 폐구간의 정의

5. A가 격자일 경우 A의 임의의 폐구간 $[a, b]$가 A의 부분격자임을 증명하여라.

6. a가 격자 A의 원소일 경우, $I_a = \{x \in A \mid x \le a\}$라 하자. 이때 I_a는 A의 부분격자임을 증명하여라.

7. L1~L4와 L7을 만족하는 두 연산을 갖는 집합을 분배 격자라 한다. A가 분배 격자일 경우 다음을 증명하여라.

$$c \vee x = x \vee y \text{ 및 } c \wedge x = x \wedge y \Rightarrow x = y$$

8. 임의의 격자 A에서 소위 분배부등식이라 부르는 다음 성질을 증명하여라.

$$x \wedge (y \vee z) \geq (x \wedge y) \vee (x \wedge z),$$
$$x \wedge (y \wedge z) \leq (x \wedge y) \wedge (x \vee z)$$

9. x, y, z가 격자 A의 원소들일 경우 다음을 증명하여라.

$x \leq z$이면 $x \vee (y \wedge z) \leq (x \vee y) \wedge z$이다.

10. 속 A와 A의 부분격자가 아닌 부분집합 $B \subseteq A$의 선 그림을 그려라.

11. 두 격자의 공통부분이 격자가 되지 않는 두 속의 선 그림을 그려라.

12. Boolean Algebra가 아닌 격자의 선 그림을 그려라.

13. A를 부분순서집합이라 하자(왼쪽 성분 L에 포함관계에 의해 순서가 정해진). A의 모든 절단들의 유는 완비격자임을 증명하여라.

14. A를 부분순서집합라고 하자. A의 모든 볼록 부분집합들의 유는 완비격자임을 증명하여라.

15. 조건부 완비이지만 완비격자 아닌 부분순서집합의 선 그림을 그려라.

4.6 완전순서집합과 정렬집합

정의 4.6.1 A가 부분순서집합(partially ordered set)이고, A의 모든 두 원소가 비교가능(comparable)하면, A를 **완전순서집합**(fully ordered)또는 **전순서집합**(totally ordered set), 혹은 **선형순서집합**(linearly ordered set)이라고 한다.

예제 1 정수 전체의 집합 $\mathbb{Z}$, 유리수 전체의 집합 $\mathbb{Q}$, 실수 전체의 집합 $\mathbb{R}$은 모두 완전순서집합이다.

정리 4.6.2 완전순서집합의 모든 부분집합은 완전순서집합이다.

정리 4.6.3 모든 완전순서집합은 하나의 격자이다.

정리 4.6.4 A가 완전순서집합이고, B가 부분순서집합이라고 하자. 만약 $f: A \to B$가 전단사이고, 증가함수이면, f는 동형이다.

증명

$f(x) \leq f(y)$라고 가정하자. 그러면, x, y가 비교가능하기 때문에, $x \leq y$든지, $y < x$이다. 만약 $y < x$라고 하면, f가 증가함수이므로, $f(y) \leq f(x)$이다. 그러나, 만약 $f(y) = f(x)$이면, f가 단사이므로, $y = x$. 이것은 $y < x$가정에 모순이므로, $f(y) < f(x)$이다. 그러므로, $f(y) < f(x)$는, 가정 $f(x) \leq f(y)$에 모순이므로, 따라서 $x \leq y$이다. 즉, $f(x) \leq f(y) \Rightarrow x \leq y$이다. 결과적으로 f는 동형이다. ■

정의 4.6.5 A가 부분순서집합일 때, A의 공집합이 아닌 모든 부분집합이 최소원소를 가지면, A를 **정렬집합**(well ordered)이라고 부른다.

정리 4.6.6 A가 정렬집합이면, A는 완전순서집합이다.

증명

$\forall x, y \in A$, 집합 $\{x, y\}$는 최소원소를 갖는다. 즉, $x \leq y$ 혹은 $y \leq x$이다. 그러므로, A는 완전순서집합이다. ■

정리 4.6.7 A가 정렬집합이면, A는 조건부완비이다.

증명

B가 A의 부분집합이고, 위로 유계이면, $v(B) \neq \varnothing$이다. 그러므로 A가 정렬집합이므로, $v(B)$는 최소원소를 가진다. sup의 정의에 의하여, $v(B)$의 최소원소가 바로 $\sup B$이다. ■

정의 4.6.8 A가 부분순서집합이고, $a, b \in A$일때, 만약 $a < b$이고, $a < c < b$를 만족하는 c가 존재하지 않을 때, b를 a의 **바로 뒤의 원소**(immediate successor) 혹은 **직후자**라고 한다. 또한, 이때 a를 b의 **선행자**(immediate predecessor)라고 한다.

정리 4.6.9 A가 정렬집합이면, A의 최대원소를 제외한 A의 모든 원소들은 바로 뒤의 원소(immediate successor)를 갖는다.

증명

$x \in A$, x가 A의 최대원소가 아니면, $T = \{y \in A \mid y > x\}$는 공집합이 아니다. 그러므로 A가 정렬집합이므로, T는 최소원소를 갖는다. 이 최소원소가 x의 바로 뒤의 원소이다. ■

예제 2 정수전체의 집합 $\mathbb{Z}$, 유리수 전체의 집합 $\mathbb{Q}$, 실수전체의 집합 $\mathbb{R}$은 정렬집합이 아니다. 왜냐하면, $V = \{\cdots, -3, -2, -1, 0\}$를 $\mathbb{Z}$의 부분집합이라면, V는 최소원소를 갖지 않는다. 그러므로 $\mathbb{Z}$은 정렬집합이 아니다.

정의 4.6.10 A가 부분순서집합이고, A의 부분집합 B가 다음 조건을 만족할 때, B를

A의 **단면(section)**이라고 한다.

$$^{\forall}x \in A, \quad y \in B \wedge x \le y \Rightarrow x \in B$$

정리 4.6.11 A가 정렬집합이라고 하자. B가 A의 단면일 필요충분조건은 $B = A$ 혹은 B가 A의 앞절편이다.

증명

(i) 만일 $B = A$ 혹은 B가 A의 앞절편이면, B가 A의 단면임은 명백하다.

(ii) B가 A의 단면이라고 가정하자. 그리고 또 $B \ne A$이라고 가정하자. 즉, $A - B \ne \varnothing$. A가 정렬집합이기 때문에 $A - B$는 최소원소 m를 가진다. 그러면, $B = S_m$임을 보이자.

만약 $x \in S_m \Rightarrow x < m$

$\Rightarrow x \in B$ (왜냐하면 m이 $A - B$의 최소원소이므로)

또, 만약 $x \in B$이고, $m \le x$이면, B가 단면이므로 $m \in B$이다. 이것은 m이 $A - B$의 최소원소이라는 사실에 모순이다. 그러므로 $x < m$이다. 따라서 $x \in S_m$. 결과적으로 $B = S_m$, 즉 B는 A의 앞절편이다. ■

정리 4.6.12 **초한 귀납법(transfinite induction)**

A가 정렬집합이고, $p(x)$가 임의의 $x \in A$에 대하여 명제라고 하자. 만약 $\forall y < x$, $p(y)$가 참일 때, $p(x)$가 참이라고 하면, $\forall x \in A$, $p(x)$가 참이다.

증명

$\forall x \in A$, $p(x)$가 참이 아니라고 가정하자. 그러면

$$K = \{y \in A \mid p(y)\text{는 거짓}\}$$

은 공집합이 아니다. A가 정렬집합이므로 K는 최소원소 m을 가진다. 그러면 $p(x)$가 참이고 $\forall x < m$. 따라서 가정에 의하여 $p(m)$은 참이다. 이것은 m이 K의 최소원소라는 사실에 모순이다. 그러므로, $\forall x \in A$, $p(x)$는 참이다. ■

정리 4.6.13 $(A, \le)$, $(B, \le')$가 정렬집합들이고, $f: A \to B$가 증가함수이며, $f(A)$가 B의 앞절편일 때, 함수 $g: A \to B$가 단조증가이면, $f(x) \le' g(x)$이다.

증명

$f(x) \le' g(x)$, $\forall x \in A$를 $p(x)$로 나타내고, 초한 귀납법을 이용하자. 초한 귀납법의 가정을 만족시키는 것을 보이기 위하여, 초한 귀납법의 가정을 부정하면, $\exists a \in A$ s.t. $p(x)$는 참이지만, $p(a)$는 거짓($\forall x < a$)이다. 즉, $f(x) \le' g(x)$, $g(a) <' f(a)$, $\forall x < a$. f가 증가함수이고, g가 단조증가이므로,

$$f(x) \le' g(x) <' g(a) <' f(a) \le' f(y), \ \forall x < a, \ \forall y\,(a \le y)$$

이다. 그러므로 $g(a) <' f(a)$, $g(a) \notin f(A)$이다. 이것은 $f(A)$가 B의 앞절편이라는 가정에 모순이다. 따라서 $\forall y < x$, $f(y) \le' g(y)$이면 $f(x) \le' g(x)$이다. 그러므로 초한 귀납법에 의하여, $f(x) \le' g(x)$, $\forall x \in A$. ■

연습문제..... 4.6

1. A가 전순서집합일 경우 포함관계에 의해 순서가 정해지는 A의 모든 단편들의 집합도 전순서집합임을 증명하여라.

2. A를 전순서집합, B를 부분순서집합, $f: A \rightarrow B$를 증가함수라 하자. 이때 f가 단사이기 위한 필요충분조건은 f가 단조증가 함수임을 증명하여라.

3. A를 전순서집합이라 하고, B를 부분순서집합, $f: A \rightarrow B$를 전단사라고 하자. 이때 f가 증가함수이면 f는 동형사상임을 증명하여라.

4. A를 전순서집합이라 하고 $\{L, U\}$를 A의 분할이라 하자. 이때 (L, U)가 A의 절단이기 위한 필요충분조건은 임의 $x \in L$, $y \in U$에 대해 $x \leq y$임을 증명하여라.

5. A를 전순서집합이 하자. 이때 B와 C가 A의 볼록 부분집합이며, $B \cap C \neq \varnothing$이면 $B \cup C$는 볼록임을 증명하여라.

6. A, B, C는 5번과 같이 정의되었으며 $B \cap C \neq \varnothing$이다. 이때 $B \cap C$의 상계는 B의 상계이거나 C의 상계가 됨을, 즉 다음을 증명하여라.

$$v(B \cap C) = v(B) \cup v(C)$$

7. A가 정렬순서집합일 경우 $x \in A$에 대해 x의 직후자와 직전자(만일 존재한다면)는 유일하다는 것을 증명하여라.

8. A를 부분순서집합이라 하자. 이때 B가 A의 부분이기 위한 필요충분조건은 $(B, A-B)$가 A의 단면임을 증명하여라.

9. A가 정렬순서집합일 경우 다음을 증명하여라.

(a) A의 임의 부분족의 교집합도 A의 부분이다.

(b) A의 임의 부분들의 족의 합집합도 A의 부분이다.

10. A를 정렬순서집합이라 하고 B와 C를 A의 단면이라 하자. $B\subset C$이면 B는 C의 단면임을 증명하여라.

11. A가 전순서집합일 경우 $B\subseteq A$, $m\in B$라 하자. 이때 B가 최소원을 갖기 위한 필요충분조건은 $S_m\cap B$이 최소원을 가짐을 증명하여라. (단, $S_n\cap B\neq\varnothing$)

12. A가 전순서집합일 경우 다음을 증명하여라. A가 정렬순서집합이기 위한 필요충분조건은 A의 임의 단편이 정렬순서집합임을 증명하여라.

Hint 11의 경과 이용

13. a가 정렬순서집합 A의 원소일 경우 a'은 a의 직후자를 나타내며 a''는 a의 직전자(만일 존재한다면)를 나타낸다고 하자. 다음을 증명하여라.

(a) $a\leq b \Leftrightarrow a'\leq b'$

(b) $a=b \Leftrightarrow a'=b'$

(c) $a<b \Leftrightarrow a'<b'$

(d) $a=b \Leftrightarrow a''=b''$

(e) $a=b' \Leftrightarrow a''=b$

14. A가 정렬순서집합일 경우 $a\in A$에 대해 a'가 a의 직후자를 나타낸다고 하자. 만일 $q\in A$가 직전자를 갖지 않으며, q가 A의 최소원이 아닐 경우 q를 A의 극한원이라 한다. 다음을 증명하여라.

(a) q가 A의 극한원이기 위한 필요충분조건은 $(a<q \rightarrow a'<q)$이다.

(b) q가 A의 극한원이기 위한 필요충분조건은

$$q=\sup\{x\in A \mid x<q\} \text{ 및 } \{x\in A \mid x<q\}\neq\varnothing$$

이다.

4.7 선택공리 Axiom of Choice

여러 바구니에 담겨 있는 과일들 중에서, 한 바구니에서 꼭 하나의 과일을 택하는 일은 어렵지 않을 것이다. 이와 비슷한 경우를 집합을 통하여 알아보자.

'공집합이 아닌 집합족 φ의 원소 S_a들이 서로 만나지 않는 집합일 때, 공집합이 아닌 각 집합 S_a에서 원소 x_a를 하나씩 선택하여 만든 집합 A이 존재하겠는가?'라는 질문으로 바꾸어 볼 수 있다. 그러나 만약 φ이 무한 집합일 경우에, 이것은 매우 어려운 문제이다.

20세기에 들어와서, 언스트 제르멜노(Emst Zermelo, 1871~1953)와 그 외 많은 수학자들이 위의 문제를 해결하려고 노력하였으나 모두 실패하고 말았다. 이 문제를 풀 수 없을 것으로 생각한 제르멜노는 이 문제를 공리로 채택함으로써, 이 문제를 해결하려 하였다. 이 공리를 함수를 사용하여 나타내면 다음과 같다.

선택공리(Axiom of Choice)

그의 원소들이 공집합이 아닌 집합들로 구성된 집합족 φ에 대하여, $f(A) \in A\ (\forall A \in \varphi)$를 만족하는 함수 $f : \varphi \to \bigcup_{A \in \varphi} A$가 존재한다. 이때, f를 **선택함수(choice function)**라 한다.

선택공리는 여러 가지 면에서 평행선공리나 연속체가설과 유사하다. 1880년대 초에 칸토어는 선택공리와 본질적으로 동치인 것을 정리의 증명과 추론 속에서 은연중에 이미 사용하였다. 그러나 그가 이미 선택공리를 사용하고 있다는 것을 깨닫지 못하였다. 1904년 제로멜노는 주의 깊은 연구를 통하여, 선택공리를 엄밀히 제시하고, 이 선택공리를 사용하여, **정렬정리(well-ordering theorem)** 또는 **정렬원리(well-ordering principle)**로 불리는 정리를 증명함으로써 세상을 놀라게 하였다.

정렬정리

모든 집합은 정렬집합(well-ordered set)이 되게 할 수 있다.

정렬정리의 주장에도 불구하고, 우리에게 가장 친숙한 실수 $\mathbb{R}$의 경우에 정렬집합이 되게 하는 방법을 알지 못하는 까닭에 이 정리가 나타난 후, 이들 대부분은 선택공리를 받아들이지 않는 주장들이었다. 왜냐하면 정렬원리는 정렬의 존재성을 주장할 뿐 A의 원소를 정렬하는 방법을 제시하지는 못하고 있다. 그러나 많은 비평들이 있었지만, 선택공리를 받아들인다는 전제하에서는 제르멜노의 정렬정리의 증명은 전혀 오집합을 발견할 수 없었다. 따라서 정렬정리를 부정하는 것은 선택공리를 부정하는 것이 된다.

연속체가설의 경우처럼, 선택공리 문제를 해결하기 위하여 많은 수학자들이 노력하는 가운데, 1938년 쿠르트 괴델(Kurt Gődel, 1906-1978)은 기존의 수학의 공리들에 선택공리를 덧붙여도 어떤 모순도 일어나지 않는다는 것을 증명하였다. 또한 1963년 폴 코헨(Paul Cohen)은 선택공리를 기존의 다른 공리와는 실제로 독립적이라는 것을 증명하였다. 선택공리는 수학의 다른 공리들과 정리들로써는 증명될 수 없음을 밝혔다.

그리하여, 오늘날 수학의 많은 분야에서 널리 사용되고 있다. 그러면 선택공리와 동치인 정리들을 살펴보자.

하우스도르프의 극대원리(Hausdarff Maximality Principle)

> 임의의 부분순서집합 $(A, \leq)$에 대하여, A의 모든 전순서부분집합의 집합을 τ라고 하면, $(\tau, \leq)$는 부분순서집합이 되고, 극대원(maximal element)을 가진다.

위의 정리는 선택의 공리와 다른 정리들의 사용하여 증명된다. 그러나 여기서 그 증명은 생략하기로 하자.

다음으로 **조온의 보조정리**(Zorn's Lemma) 또는 **조온의 원리**(Zorn's principle)로 알려진 정리를 소개한다.

조온의 보조정리(Zorn's Lemma)

> 임의의 부분순서집합 $(A, \leq)$에 대하여 A의 모든 전순서부분집합이 상계를 가지면, A는 극대원을 갖는다.

위의 정리는 하우스도르트의 극대원리를 사용하면 쉽게 증명할 수 있다. 그리고 위의 정리들은 다음 도표와 같은 순환적관계에 의하여 모두 서로 동치임이 밝혀져 있다.

선택공리	$\Rightarrow$	하우스도르프의 극대원리
$\Uparrow$		$\Downarrow$
정렬원리	$\Leftarrow$	조온의 보조정리

연습문제..... 4.7

1. P가 공집합이 아닌 집합 X의 분할일 때 집합 $R \subseteq X$으로서 각 $C \in P$에 대하여 $C \cap R$가 단원집합인 것이 존재한다. 이것을 증명하라. 이와 같은 R을 P에 대한 **대표**(representative)의 집합이라고 한다.

2. 함수 $f: A \to B$가 전사일 때 A의 부분집합 C가 존재함으로써 C와 B가 대등하다. 그러므로 $\operatorname{card} A \geq \operatorname{card} B$. 이것을 증명하라.

3. 집합 $A(\neq \varnothing)$에서 집합 $B(\neq \varnothing)$로의 관계 R에 대하여, $\operatorname{Dom}(R) = A$일 때 함수 $f: A \to B$로서 $f \subseteq R$인 것이 존재한다. 이것을 증명하여라.

4. 함수 $f: A \to B$에 대하여 $g: B \to A$가 존재함으로써 $f \circ g = 1_B$일 필요충분조건은 f가 전단사인 것이다. 여기서 1_B는 B 위의 항등함수이다. 이것을 증명하여라.

5

무한집합과 Infinite Set 유한집합 Finite Set

Set Theory

5.1 무한집합 Infinite Set 과 유한집합 Finite Set

정의 5.1.1 집합 X가 있어서, X의 어떤 진부분집합 Y와 X 사이에 전단사 함수가 존재하면, X를 **무한집합(infinite set)**이라고 한다. 그리고 X가 무한집합이 아닐 때, X를 **유한집합(finite set)**이라고 한다.

주의 X가 무한집합일 필요충분조건은 $f(X)$가 X의 진부분집합인, 단사함수 $f: X \to X$가 존재하는 것이다.

증명

($\Rightarrow$) 정의에 의하여, 전단사 함수 $f: X \to Y$가 존재한다. 단, Y는 X의 진부분집합이다. f가 전단사함수이므로, $f(X) = Y$이고, $f(X)$는 X의 진부분집합이고, $f: X \to X$는 단사함수이다.

($\Leftarrow$) $f(X)$가 X의 진부분집합인 단사함수 $f: X \to X$가 존재한다고 하자. 그리고 $f(X) = Y$라고 두면, $f: X \to Y$는 전단사함수이고, Y는 X의 진부분집합이다. 그러므로 X는 무한집합이다. ■

예제 1 $\varnothing$과 $\{a\}$는 유한집합이다.

증명.....

$\varnothing$이 무한집합이기 위해서는 $\varnothing$의 어떤 진부분집합이 존재해서, $\varnothing$과 일대일 대응을 이루어야 한다. 그러나 이것은 $\varnothing$의 진부분집합이 존재하지 않으므로 불가능하다. 그러므로 $\varnothing$는 유한이다. 다음으로, $\{a\}$의 진부분집합은 $\varnothing$뿐이다. 그런데 $\{a\}$과 $\varnothing$ 사이 일대일 대응은 존재하지 않는다. 따라서, $\{a\}$는 무한집합일 수 없다. 그러므로 $\{a\}$는 유한집합이다.

정리 5.1.2

(i) 무한집합의 모든 포함집합은 무한집합이다.

(ii) 유한집합의 모든 부분집합은 유한집합이다.

증명

(i) X가 무한집합이고, $X \subseteq Y$라 하자.

X가 무한집합이므로, $f(X) \neq X$인, 단사함수 $f: X \to X$가 존재한다(그림 5.1.1).

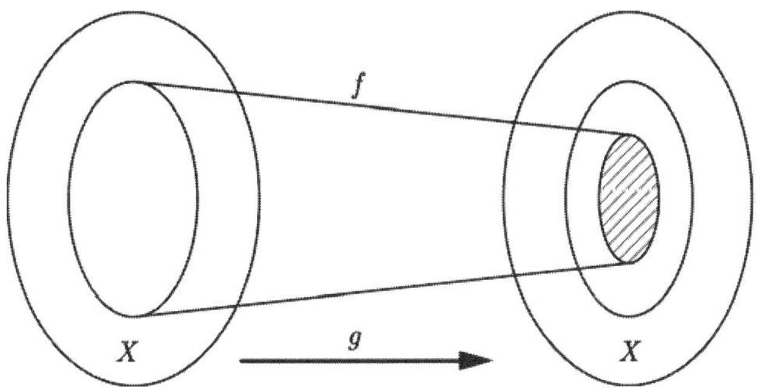

그림 5.1.1

함수 $g: X \to Y$를

$$g(y) = \begin{cases} f(y), & y \in X \\ y, & y \in Y - X \end{cases}$$

로 정의하면, g는 단사이고, $g(Y) \neq Y$이므로, Y는 무한집합이다.

(ii) Y가 유한집합이고, $X \subseteq Y$일 때, X를 무한집합이라고 가정하자. 그러면 (i)에 의하여, Y 역시 무한집합이므로, 가정에 모순이다. 따라서 X는 유한집합이다. ■

정리 5.1.3 $f: X \to Y$가 일대일 대응일 때, X가 무한집합이면, Y도 무한집합이다.

증명

Y가 무한집합임을 보이기 위하여서는, $h(Y) \neq Y$인 어떤 단사함수 $h: Y \to Y$가 존재하는 것을 보이면 된다. 그런데 X가 무한집합이므로, $g(X) \neq X$인 단사함수 $g: X \to X$가 존재한다.

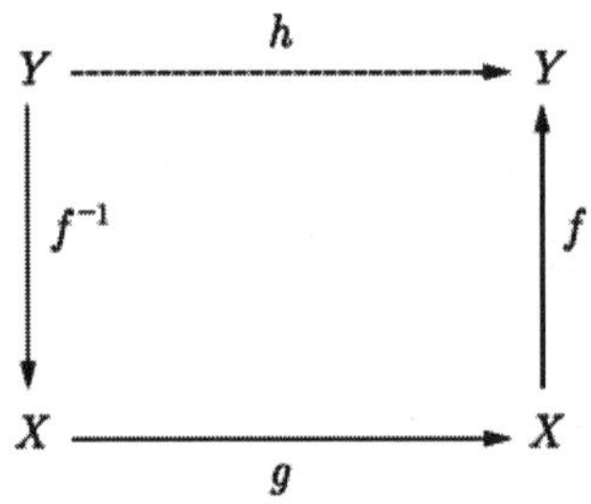

그림 5.1.2

그러면, 위의 그림을 이용하여 $h = f \circ g \circ f^{-1}$로 정의하면, $h: X \to Y$인 단사함수이고, $h(Y) \neq Y$임을 쉽게 알 수 있다. 그러므로 Y는 무한집합이다. ■

따름정리 5.1.4 $f: X \to Y$가 일대일 대응일 때, X가 유한집합이면, Y도 유한집합이다.

증명

만약 Y가 무한집합이면, 정리 5.1.3에 의하여 X로 무한집합이 되어서, 가정에 모순이다. 그러므로 Y는 유한집합이다. ■

정리 5.1.5 $x_0 \in X$, X가 무한집합이면, $X - \{x_0\}$도 역시 무한집합이다.

증명

X가 무한집합이므로, $f(X) \neq X$인 단사함수 $f: X \to X$가 존재한다(그림 5.1.3).

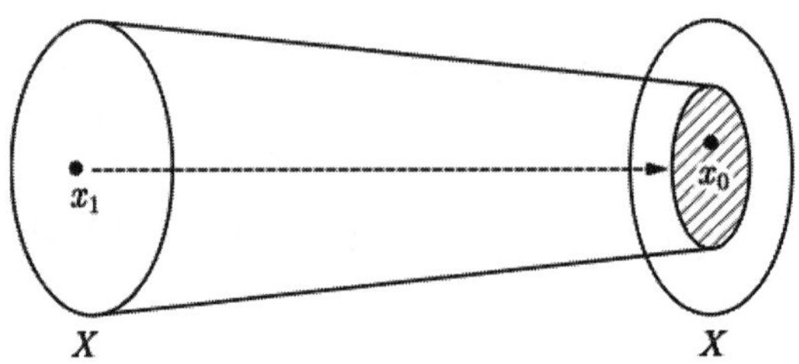

그림 5.1.3

(i) $x_0 \in f(X)$일 때, f가 단사함수이므로, $f(x_1) = x_0$를 만족하는 $x_1 \in X$가 하나 존재한다. 함수 $g: X - \{x_0\} \to X - \{x_0\}$를

$$g(x) = \begin{cases} f(x), & x \neq x_1 \\ x_2, & x = x_1 \end{cases}$$

로 정의하자. 단, x_2는 $X - f(X)$의 임의의 원소이다. 그러면, $g: X - \{x_0\} \to X - \{x_0\}$ 단사이고,

$$g(X - \{x_0\}) = f(X - \{x_0, x_1\}) \cup \{x_2\} \neq X - \{x_0\}$$

이므로, $X - \{x_0\}$는 무한집합이다.

(ii) $x_0 \in X - f(X)$일 때,

함수 $g: X - \{x_0\} \to X - \{x_0\}$를

$$g(x) = f(x), \quad \forall x \in X - \{x_0\}$$

로 정의하자(그림 5.1.4).

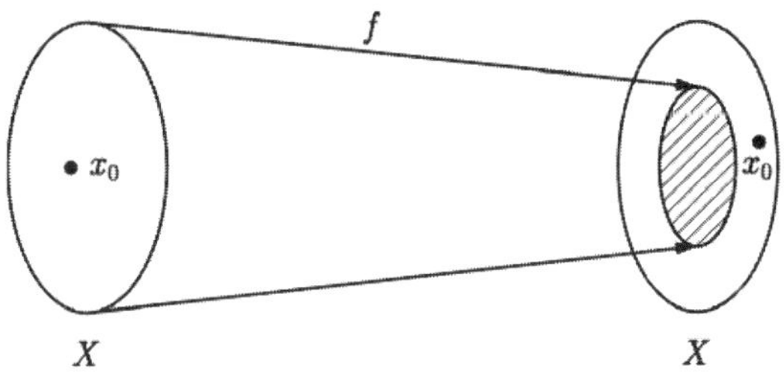

그림 5.1.4

그러면, $f: X \to X$가 단사함수이므로,

$$g: X - \{x_0\} \to X - \{x_0\}$$

도 역시 단사함수이다. 그리고,

$$g(X - \{x_0\}) = f(X) - f(\{x_0\}) \neq X - \{x_0\}$$

이다 따라서, $X - \{x_0\}$는 무한집합이다. ■

예제 2 $\forall k \in \mathbb{N}$, $\mathbb{N}_k = \{1, 2, 3, \cdots, k\}$는 유한집합이다.

증명.....

수학적 귀납법으로 증명하자.

$k=1$일 때, 예제 1에 의하여 $\mathbb{N}_1=\{1\}$은 유한이다. 이제 $k=m$일 때, $\mathbb{N}_m$이 유한집합이라고 가정하자. 그리고 $\mathbb{N}_{m+1}=\mathbb{N}_m \cup \{m+1\}$이 유한집합임을 보이면 된다. 그러면 $\mathbb{N}_{m+1}$이 무한집합이라고 가정하면, 정리 5.1.5에 의하여 $\mathbb{N}_m=\mathbb{N}_{m+1}-\{m+1\}$도 무한집합이 되어 모순이다. 그러므로 $\mathbb{N}_{m+1}$은 유한집합이다. 따라서, 수학적 귀납법에 의하여, $\forall k\in\mathbb{N}$, $\mathbb{N}_k$는 유한집합이다.

정리 5.1.6 집합 X가 유한집합일 필요충분조건은 $X=\varnothing$ 혹은 X가 어떤 $\mathbb{N}_k$와 일대일 대응이 존재하는 것이다.

증명

($\Leftarrow$) $X=\varnothing$ 혹은 X가 어떤 $\mathbb{N}_k$와 일대일 대응이 존재하면 예제 1, 예제 2와 따름정리 5.1.4에 의하여 X는 유한집합이다.

($\Rightarrow$) 이것을 증명하기 위하여, 이것의 대우명제를 생각하면, “$X\neq\varnothing$이고 X가 임의의 $\mathbb{N}_k$와도 일대일 대응이 존재하지 않으면, X는 무한집합이다.”이다. 그래서 위의 대우명제를 증명하도록 하자. $X\neq\varnothing$이므로, 하나의 원소 x_1를 택할 수 있다. 그러면 또 $X-\{x_1\}\neq\varnothing$이다. 왜냐하면, $X-\{x_1\}=\varnothing$이면, $X=\{x_1\}$ 즉, X는 $\mathbb{N}_1$과 일대일 대응을 이룬다. 이것은 가정에 모순이다. 따라서 $X-\{x_1\}\neq\varnothing$이므로, x_2를 $X-\{x_1\}$ 속에서 택할 수 있다. 그러면 역시 $X-\{x_1, x_2\}\neq\varnothing$.

이와 같은 방법으로 계속하면, $x_1, x_2, \cdots, x_k$를 선택할 수 있다. 그러면, $X-\{x_1, x_2, \cdots, x_k\}\neq\varnothing$이다. 왜냐하면 $X-\{x_1, x_2, \cdots, x_k\}=\varnothing$이면, 즉 $X=\{x_1, x_2, \cdots, x_k\}$가 되어서 X와 $\mathbb{N}_k$ 사이에 일대일 대응이 존재하게 되어 모순이다.

계속해서 $X-\{x_1, x_2, \cdots, x_k\}\neq\varnothing$이므로 x_{k+1}를 $X-\{x_1, x_2, \cdots, x_k\}$에서 또 선택할 수 있다. 이런 방법으로 계속 선택한 원소들의 집합을 $Y=\{x_1, x_2, x_3, \cdots, x_k, x_{k+1}, \cdots\}$라고 하자.

여기서, 함수 $f: Y \rightarrow Y-\{x_1\}$를 $f(x_k)=x_{k+1}$로 정의하면, f는 전단사 함수이다. 그러므로, Y는 무한집합임이 증명된다. 또한 X는 Y의 포함집합이므로, 정리 5.1.2의 (i)에 의하여 X는 무한집합이다. ■

저자에 따라서, 위의 정리 5.1.6을 유한집합의 정의로 택하고, 유한집합이 아닌 집합을 무한집합으로 정의하는 경우도 많다. 이렇게 정의하여, 지금까지 우리가 생각한 내용들을 새롭게 증명하여 보는 것도 매우 흥미로운 연구과제가 될 것이다.

연습문제..... 5.1

1. 정리 5.1.5의 증명의 생략된 부분을 보충하여라.

2. $g: X \to Y$가 일대일 대응일 때 X가 유한집합이면 Y도 유한집합이다. 이것을 증명하여라.

3. 세 집합 $\mathbb{Z}$, $\mathbb{Q}$, $\mathbb{R}$은 모두 무한집합임을 증명하여라.

4. A가 무한집합이면 $A \times A$도 무한집합이다. 이것을 증명하여라.

5. A, B가 각각 무한집합이면 $A \cup B$도 무한집합이다. 이것을 증명하여라.

6. 유한개의 유한집합의 합집합은 유한집합이다. 이것을 증명하여라.

7. 두 집합 A, B에 대하여 $A \cup B$가 무한집합이면 A, B 중 적어도 하나는 무한집합이다. 이것을 증명하여라.

8. 다음은 정리 5.1.5를 일반화한 것이다. 이것을 증명하여라.
무한집합 X의 부분집합 Y가 유한집합이면 $X - Y$는 무한집합이다.

5.2 집합의 대등 Equipotence of Sets

유한집합에서 두 집합 사이에 일대일 대응 관계가 존재하면, 두 집합의 원소의 개수가 같음을 알 수가 있다. 무한집합에서도 다음과 같은 대등개념을 정의하자.

정의 5.2.1 두 집합 X, Y 사이에, 일대일 대응이 존재할 때 X와 Y는 **대등(equipotent)** 하다고 말하고, 기호로 $X \sim Y$로 나타낸다.

정리 5.2.2 $\mathscr{F}$을 집합들의 집합족이라고, $R = \{(X, Y) \mid X \sim Y\}$라고 두면, R은 $\mathscr{F}$ 위에서의 하나의 동치관계이다.

증명

i) $\forall X \in \mathscr{F}$, $X \sim X$이므로 R은 반사적이다.

ii) $X \sim Y$이면 $Y \sim X$은 쉽게 알 수 있다.

iii) $X \sim Y$이고, $Y \sim Z$이면 합성함수에 의하여 $X \sim Z$됨을 쉽게 알 수 있다. ■

예제 3 다음이 성립함을 알 수 있다.

(i) $(0, 1) \sim (1, 3)$

(ii) $\left(-\frac{\pi}{2}, \frac{\pi}{2}\right) \sim \mathbb{R}$

풀이.....

(i) $f(x) = 2x + 1$로 두면, 함수 f에 의하여, $(0, 1)$과 $(1, 3)$ 사이에 일대일 대응이 존재하므로, $(0, 1) \sim (1, 3)$이다.

(ii) $g(x) = \tan x$를 생각하면, 함수 g는 $\left(-\frac{\pi}{2}, \frac{\pi}{2}\right)$와 $\mathbb{R}$ 사이에 일대일 대응 관계를 갖게 하므로, $\left(-\frac{\pi}{2}, \frac{\pi}{2}\right) \sim \mathbb{R}$이다.

정리 5.2.3 집합 X, Y, Z, V가 있어서, $X \cap Z = \varnothing$, $Y \cap V = \varnothing$이고, $f: X \sim Y$, $g: Z \sim V$이면, $f \cup g: (X \cup Z) \sim (Y \cup V)$이다.

증명

$X \cap Z = \varnothing$, $Y \cap V = \varnothing$이므로, $f \cup g: (X \cup Z) \sim (Y \cup V)$가 일대일 대응이 되는 것은 쉽게 알 수 있다. ■

정리 5.2.4 집합 X, Y, Z, V가 있어서, $X \sim Y$, $Z \sim V$이면

$$X \times Z \sim Y \times V$$

이다.

증명

$f: X \sim Y$, $g: Z \sim V$라 두고, $f \times g: X \times Z \to Y \times V$를

$$(f \times g)(x, z) = (f(x), g(z))$$

으로 정의하면, $f \times g$가 일대일 대응임을 쉽게 알 수 있다. ■

집합 $\mathbb{N}$, $\mathbb{Z}$, $\mathbb{Q}$, $\mathbb{R}$들 사이의 관계를 살펴보면, $\mathbb{N} \subset \mathbb{Z} \subset \mathbb{Q} \subset \mathbb{R}$임을 알 수 있다.

정의 5.2.5 집합 X가 $X \sim \mathbb{N}$일 때, X를 **가부번 집합(denumerable set)**이라고 한다. 어떤 집합이 유한집합이거나 가부번 집합일 때 통틀어서 **가산집합(countable set)**이라고 한다.

정리 5.2.6 가부번 집합의 무한 부분집합은 가부번 집합이다.

증명

X를 가부번 집합이라고 하자. X가 가부번 집합이므로, 전단사 함수 $f: \mathbb{N} \sim X$가 존재한다. 그러면 $f(1) = x_1$, $f(2) = x_2$, $f(3) = x_3$, $\cdots$, $f(k) = x_k$, $\cdots$이라 하면, $X = \{x_1, x_2, \cdots, x_k, \cdots\}$로 둘 수 있다. X의 임의의 무한 부분집합을 Y라고 하자. 집합 Y의 원소를 첨자가 작은 것부터 순서를 다시 정리하여

$$Y = \left\{x_{n_1},\ x_{n_2},\ \cdots,\ x_{n_k}\cdots\right\}$$

로 정리할 수 있다. 함수 $g : \mathbb{N} \sim Y$를 $g(k) = x_{n_k}$로 정의하면, g는 일대일 대응을 이룬다. 그러므로 $\mathbb{N} \sim Y$이고 Y는 가부번 집합이다. ■

따름정리 가산집합의 각 부분집합은 가산집합이다.

증명

주어진 가산집합이 가부번 집합이고, 이것의 부분집합이 무한 집합이면, 위의 정리에 의하여 가부번 집합이므로 가산집합이다. 만약 이것의 부분집합이 유한집합이면 유한집합 또한 가산집합이므로 따름정리는 성립한다. 만약 주어진 가산집합이 유한집합이면, 그 부분집합 또한 유한집합이므로 가산집합이다. ■

정리 5.2.7 두 개의 가부번 집합의 합집합은 가부번 집합이다.

증명

A, B를 가부번 집합들이라 하자.

(i) $A \cap B = \varnothing$인 경우

자연수 중에서 짝수들의 집합을 $\mathbb{N}_e$, 홀수들의 집합을 $\mathbb{N}_o$라고 하자. 그러면, $A \sim \mathbb{N}$, $\mathbb{N} \sim \mathbb{N}_o$이므로 $A \sim \mathbb{N}_o$이고, $B \sim \mathbb{N}$, $\mathbb{N} \sim \mathbb{N}_e$이므로 $B \sim \mathbb{N}_e$이다. 따라서 정리 5.2.3에 의하여

$$A \cup B \sim \mathbb{N}_o \cup \mathbb{N}_e = \mathbb{N}$$

이다. 결과적으로 $A \cup N \sim N$이므로, $A \cup B$는 가부번 집합이다.

(ii) $A \cap B \neq \varnothing$인 경우

$C = B - A$라고 두면, $A \cup C = A \cup B$이고, $A \cap C = \varnothing$이다. $C \subseteq B$이므로, 만약 C가 유한이면, $A \cup C$는 가부번 집합워을 쉽게 알 수 있다. 만약 C가 가부번 집합이면, (i)에 의하여 $A \cup C$는 가부분집합이다. ■

따름정리 $A_1, A_2, A_3, \cdots, A_n$이 가부번 집합들이면, $\bigcup_{k=1}^{n} A_k$는 가부번 집합이다.

증명

위의 정리 5.2.7과 수학적 귀납법에 의하여 명백하다. ■

예제 4 정수집합 $\mathbb{Z}$은 가부번 집합이다.

풀이.....

$\mathbb{Z}^+ = \{1, 2, 3, \cdots\}$, $\mathbb{Z}^- = \{-1, -2, -3, \cdots\}$라 두면

$$\mathbb{Z}^- \cup \{0\} \cup \mathbb{Z}^+$$

이다. 한편, $\mathbb{Z}^-$, $\{0\} \cup \mathbb{Z}^+$가 가부번 집합이므로, $\mathbb{Z}$은 가부번 집합이다.

정리 5.2.8 $\mathbb{N} \times \mathbb{N}$은 가부번 집합이다.

증명

함수 $f: \mathbb{N} \times \mathbb{N} \rightarrow \mathbb{N}$을 $f(m, n) = 2^m 3^n$으로 정의하면 2와 3이 서로소인 소수이므로, f는 단사함수이다. 그러므로

$$\mathbb{N} \times \mathbb{N} \sim f(\mathbb{N} \times \mathbb{N}) \subseteq \mathbb{N}$$

이다. $\mathbb{N} \times \mathbb{N}$이 무한집합이므로, $f(\mathbb{N} \times \mathbb{N})$도 역시 무한집합이다. 그러므로 정리 5.2.6에 의해서, $f(\mathbb{N} \times \mathbb{N})$는 가부번 집합이다. 따라서 $\mathbb{N} \times \mathbb{N}$은 가부번 집합이다.

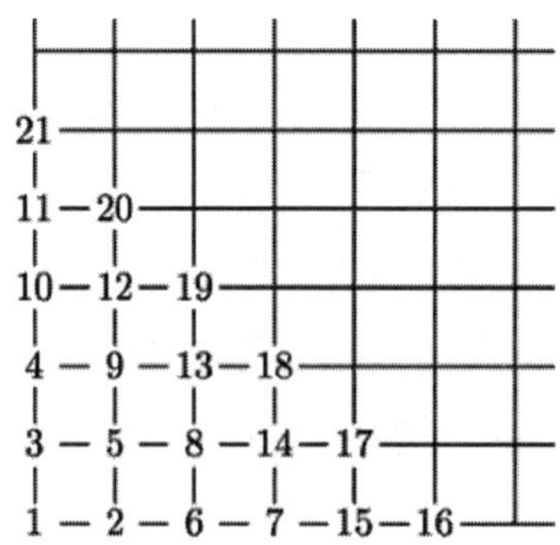

■

따름정리 $\forall k \in \mathbb{N}$, A_k가 가부번 집합이고, $A_j \cap A_k = \varnothing\ (j \neq k)$이면 $\bigcup_{k \in \mathbb{N}} A_k$는 가부번 집합이다.

증명

$\forall k \in \mathbb{N}$ 함수 $f_k: \mathbb{N} \rightarrow \mathbb{N} \times \{k\}$를 $f_k(j) = (j, k)$로 정의하면, f_k는 일대일 대응이다. 즉, $\mathbb{N} \sim \mathbb{N} \times \{k\}$이다. $\forall k \in \mathbb{N}$, A_k가 가부번 집합이므로, $A_k \sim \mathbb{N}$. 따라서 $A_k \sim \mathbb{N} \times \{k\}$, $\forall k \in \mathbb{N}$이다. 결과적으로, $\bigcup_{k \in \mathbb{N}} A_k \sim \bigcup_{k \in \mathbb{N}} \mathbb{N} \times \{k\} \sim \mathbb{N} \times \mathbb{N} \sim \mathbb{N}$이다. 그러므로 $\bigcup_{k \in \mathbb{N}} A_k$는 가부번 집합이다. ■

정리 5.2.9 유리수 집합 $\mathbb{Q}$는 가부번 집합이다.

증명

$$\mathbb{Q}^+ = \left\{ \frac{p}{q} \,\middle|\, \frac{p}{q} > 0,\ (p, q) = 1,\ p, q \in \mathbb{Z} \right\}$$

$$\mathbb{Q}^- = \left\{ -\frac{p}{q} \,\middle|\, \frac{p}{q} \in \mathbb{Q}^+ \right\}$$

라고 두면, $\mathbb{Q} = \mathbb{Q}^+ \cup \{0\} \cup \mathbb{Q}^-$이다. 먼저 $\mathbb{Q}^+$가 가부번 집합임을 보이자. 함수 $f: \mathbb{Q}^+ \rightarrow \mathbb{N} \times \mathbb{N}$를 $f(p/q) = (p, q)$로 정의하면, f는 단사함수이다. 따라서 $\mathbb{Q}^+ \sim f(\mathbb{Q}^+) \subseteq \mathbb{N} \times \mathbb{N}$이고, $\mathbb{N} \subseteq \mathbb{Q}^+$, $\mathbb{N} \times \mathbb{N}$은 가부번 집합이므로, $\mathbb{Q}^+$는 가부번 집합의 무한부분집합이다. 그러므로 정리 5.2.6에 의하여 $\mathbb{Q}^+$는 가부번 집합이다. 또한 $\mathbb{Q}^+ \sim \mathbb{Q}^-$이므로, $\mathbb{Q}^-$ 역시 가부번 집합이다. 결과적으로 정리 5.2.7에 의하여 $\mathbb{Q} = \mathbb{Q}^+ \cup \{0\} \cup \mathbb{Q}^-$는 가부번 집합이다.

■

정리 5.2.10 임의의 무한집합은 가부번 집합인 부분집합을 갖는다.

증명

임의의 무한집합을 X라 두자. 그러면 X는 공집합이 아니므로 하나의 원소 x_1를 택할 수 있다. 또한 $X - \{x_1\} \neq \varnothing$에서 x_2를 택하고, $X - \{x_1, x_2\} \neq \varnothing$에서 x_3를 택할 수 있다. 같은 방법으로 $X - \{x_1, x_2, \cdots, x_k\} \neq \varnothing$에서 x_{k+1}를 택할 수 있다. 왜냐하면 $X - \{x_1,$

$x_2, \cdots, x_k\} = \varnothing$ 이면, X는 무한집합이 아니다. 이러한 집합 $Y = \{x_1, x_2, \cdots, x_k, x_{k+1} \cdots\}$라고 두면, Y는 X의 가부번 집합인 부분집합이다. ■

연습문제..... 5.2

1. 정리 5.2.3의 증명을 완성하여라.

2. 정리 5.2.4의 증명을 완성하여라.

3. 두 집합 X, Y에 대하여 $X\times Y \sim Y\times X$임을 증명하여라.

4. 두 집합 X, Y에 대하여 $(X-Y)\sim(Y-X)$이면 $X\sim Y$임을 증명하여라.

5. 다음은 정리 5.2.3을 일반화한 것이다. 이것을 증명하여라.
$\{X_\gamma \mid \gamma\in\Gamma\}$, $\{Y_\gamma \mid \gamma\in\Gamma\}$가 각각 서로소인 집합의 두 족일 때 모든 $\gamma\in\Gamma$에 대하여, $X_\gamma\sim Y_\gamma$이면, $\bigcup_{\gamma\in\Gamma}X_\gamma \sim \bigcup_{\gamma\in\Gamma}Y_\gamma$이다.

6. 가부번 집합 X의 부분집합 Y가 유한집합이면 $X-Y$는 가부번 집합임을 증명하여라.

7. 가부번 집합 X와 유한집합 Y에 대하여 $X\cup Y$는 가부번 집합임을 증명하여라.

8. 모든 짝수인 자연수의 집합 $\mathbb{N}_e$와 모든 홀수인 자연수의 집합 $\mathbb{N}_o$은 각각 가부번 집합임을 증명하여라.

9. 공집합이 아닌 집합 A에 대하여 A로부터 $\{0,\ 1\}$로의 모든 함수의 집합을 2^A라고 할 때 $P(A)\sim 2^A$임을 증명하여라.

10. 가부번 집합 X에 대하여 $g: X\sim\mathbb{N}$이고 Y는 X의 무한부분집합일 때 함수 $h: Y\sim\mathbb{N}$을 다음과 같이 정의한다.

$$h(y) = \{1,\ 2,\ 3,\ \cdots,\ g(y)\} \cap g(Y)\text{의 원소의 개수}$$

이 경우 h는 일대일 대응으로서 Y는 가부번 집합인 것을 증명하여라.

11. 유한개의 가산집합들의 합집합은 가산집합이다. 이것을 증명하여라.

12. A, B각 각각 가부번 집합이면 $A \times B$도 가부번 집합임을 증명하여라. 특히 $\mathbb{Z} \times \mathbb{N}$, $\mathbb{Z} \times \mathbb{Z}$, $\mathbb{Q} \times \mathbb{Q}$는 모두 가부번 집합임을 증명하여라.

13. 함수 $f : \mathbb{Q} \to \mathbb{Z} \times \mathbb{N}$로서 전사인 것 하나를 구함으로써 정리 5.2.9를 별도로 증명하여라.

14. 카티시안 평면에서 중심의 좌표와 반지름의 길이가 모두 유리수인 원 전체의 집합은 가부번 집합이다. 이것을 증명하여라.

15. 각 $k \in \mathbb{N}$에 대하여 B_k가 가부번 집합이면 $\bigcup_{k \in \mathbb{N}} B_k$도 가부번 집합임을 증명하여라.

5.3 비가부번 집합들의 예

예제 1 실수의 개구간 $(0,\ 1)$은 비가부번 집합이다.

증명.....

임의의 $x \in (0,\ 1)$를, 무한소수 형태로 나타내도록 하자. 그러나 유한소수로 나타낼 수 있는 수라도, 유한소수 끝 숫자에서 1을 빼고, 9를 계속 표시함으로써, 임의의 $x \in (0,\ 1)$를 무한소수로 나타내도록 한다. 예를 들면 $\frac{1}{2} = 0.5$는 0.4999...로 나타내기로 하고, 또, $\frac{1}{4} = 0.25$는 0.24999...등으로 나타낸다고 하자. 예제의 증명을 위하여, $(0,\ 1)$이 가부번 집합이라고 가정하자. 그러면 전단사 함수 $f : \mathbb{N} \to (0,\ 1)$이 존재한다. 즉,

$$
\begin{aligned}
f(1) &= 0.\,a_{11}\,a_{12}\,a_{13}\cdots \\
f(2) &= 0.\,a_{21}\,a_{21}\,a_{23}\cdots \\
f(3) &= 0.\,a_{31}\,a_{32}\,a_{33}\cdots \\
\vdots & \qquad\quad \vdots \\
f(k) &= 0.\,a_{k1}\,a_{k2}\,a_{k3}\cdots \\
\vdots & \qquad\quad \vdots
\end{aligned}
$$

단, $a_{jk} = \{0,\ 1,\ 2,\ \cdots,\ 9\}$

여기서 $z \in (0,\ 1)$, 하나를 생각하자. $z = 0.\,z_1\,z_2\,z_3\cdots\ z_k\cdots$이라고 할 때,

$$
z_k = \begin{cases} z_k = 5 : & a_{kk} \neq 5 \\ z_k = 1 : & a_{kk} = 5 \end{cases}
$$

의 값을 갖는 수를 생각하자.

$$z_1 \neq a_{11} \text{이므로 } z \neq f(1)$$

$$z_2 \neq a_{22} \text{이므로} \quad z \neq f(2)$$
$$\vdots \qquad\qquad \vdots$$
$$z_k \neq a_{kk} \text{이므로} \quad z \neq f(k)$$
$$\vdots \qquad\qquad \vdots$$

따라서, $z \notin f(\mathbb{N}) = (0,\ 1)$이다. 이것은 f가 전단사 함수라는 사실에 모순이므로, $(0,\ 1)$은 비가부번 집합이다.

예제 2 실수 집합 $\mathbb{R}$은 비가부번 집합이다.

증명.....

$(0,\ 1) \sim \mathbb{R}$이므로, $\mathbb{R}$은 비가부번 집합이다.

예제 3 $\mathbb{R} - \mathbb{Q}$는 비가부번 집합이다.

증명.....

$\mathbb{R} - \mathbb{Q}$가 가부번 집합이라고 가정하자. 그러면 $\mathbb{Q}$ 가부번 집합이므로, $\mathbb{R} = (\mathbb{R} - \mathbb{Q}) \cup \mathbb{Q}$가 가부번 집합이 되어서, 예제 2에 모순이다. 그러므로 $\mathbb{R} - \mathbb{Q}$는 비가부번 집합이다.

연습문제..... 5.3

1. A와 B가 대등한 집합일 때 A가 비가부번 집합이면 A도 비가부번 집합이다. 이것을 증명하여라.

2. 비가부번 집합의 임의의 포함집합은 비가부번 집합이다. 이것을 증명하여라.

3. 위의 문제 2의 결과를 이용하여 예제 2를 별도로 증명하여라.

4. 0과 1 사이의 모든 무리수의 집합은 비가부번 집합이다. 이것을 증명하여라.

5. A와 B가 대등한 집합일 때 A가 비가산집합이면 B도 비가산집합이다. 이것을 증명하여라.

6. 평면에서의 원 전체가 이루는 집합은 비가산집합임을 증명하여라.

6

기수와 Cardinal number 기수의 연산

Set Theory

6.1 기수의 개념

사과가 네 개 놓여 있는 사과접시를 보고, 4라는 숫자를 생각하고, 집합 $X=\{a, b, c, d, e\}$의 원소의 개수가 5라고 말하는 것처럼 무한집합의 크기 개념을 도입하기 위한 것이 **기수(cardinal number)**라고 이해하면 편리하다. 그러면 기수의 중요한 규칙들을 알아보자.

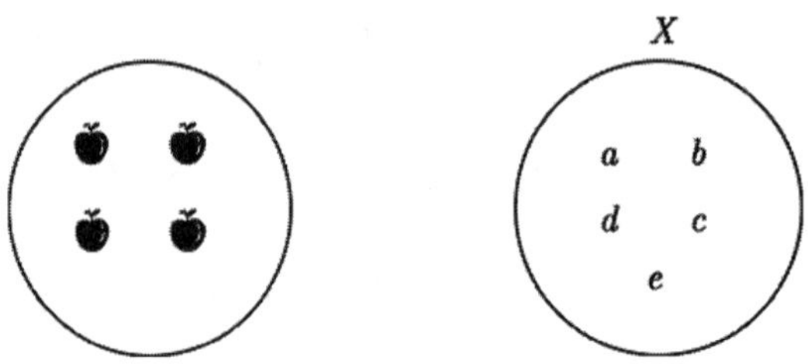

C-1. 임의집합 A에 대하여, 그 집합에 대한 기수 $\mathrm{card}A$가 대응되고, 임의의 기수 a에 대하여, $\mathrm{card}A=a$가 되는 집합 A가 존재한다.

C-2. $\mathrm{card}A=0 \Leftrightarrow A=\varnothing$

C-3. A가 유한집합일 때, 즉 $A\sim\{1, 2, \cdots, k\}$이면, $\mathrm{card}A=k$이다.

C-4. 임의의 두 집합 A, B에 대하여, $A\sim B \Leftrightarrow \mathrm{card}A=\mathrm{card}B$.

연습문제..... 6.1

1. 자연수는 각각 기수임을 보여라.

2. $A=\{a, b, c\}$, $B=\{1, 2\}$에 대하여 다음을 차례로 구하여라.

$$\mathrm{card}A,\quad \mathrm{card}B,\quad \mathrm{card}A\times B,\quad \mathrm{card}B^A$$

3. 다음 세 집합의 기수를 차례로 구하여라.

$$\{\varnothing\},\quad \{\varnothing, \{\varnothing\}\},\quad \{\varnothing, \{\varnothing\}, \{\varnothing, \{\varnothing\}\}\}$$

6.2 기수의 순서 Ordering of the cardinal number

무한집합에서 기수의 순서를 정의하도록 하자. 그러나 다음 정의는 유한집합에서도 적용됨은 물론이다.

정의 6.2.1 집합 A, B에 대하여, B의 부분집합 C가 존재해서, $A \sim C$이지만 B는 A의 어떤 부분집합과도 대등하지 않을 때, $\mathrm{card}A$는 $\mathrm{card}B$보다 작다고 말하고, $\mathrm{card}A < \mathrm{card}B$로 나타낸다.

예제 1 $\mathrm{card}\mathbb{N} < \mathrm{card}\mathbb{R}$

증명.....

$\mathbb{N} \subseteq \mathbb{R}$이기 때문에, $\mathbb{N} \sim \mathbb{N} \subseteq \mathbb{R}$. 그러나 $\mathbb{R}$은 비가부분집합이므로, $\mathbb{R}$은 $\mathbb{N}$의 어떤 비가부번 집합과도 대등하지 않다. 그러므로, 정의에 의하여, $\mathrm{card}\mathbb{N} < \mathrm{card}\mathbb{R}$.

만약에 A는 B의 부분집합과 대등하고, B는 A의 부분집합과 대등할 때, A와 B 사이의 관계가 어떻게 될 것인지 의문이 생긴다. 이 의문은 다음 정리에서 A, B는 대등관계임을 알 수 있다.

정리 6.2.2 임의의 두 집합 A, B에 대하여, A는 B의 부분집합과 대등하고, B는 A의 부분집합과 대등하면, A와 B는 대등하다.

증명에 중요한 수단으로 사용될 보조정리 하나를 먼저 다루기로 하자.

보조정리 $B \subseteq A$일 때, 단사함수 $f: A \to B$가 존재하면, 전단사함수 $h: A \to B$가 존

재한다.

증명

(i) $B = A$일 때, h를 항등함수 i로 두면, $h: A \to A$인 전단사 함수가 존재한다.

(ii) B가 A의 진부분집합일 때, $C_n = \bigcup_{k=0}^{n} f^k(A-B)$라고 두자. 단 여기서 f^0는 항등함수로 하고, $f^k = f(f^{k-1}(x))$로 정의한다. 그러면, C_n는 단조증가 수열이다. 왜냐하면, 만약 $m < n$일 때,

$$f^m(A-B) \cap f^n(A-B) = \varnothing$$

이다. 만약 $f^m(A-B) \cap f^n(A-B) \neq \varnothing$이라고 가정하면, 즉, $A-B$에 속하는 두 원소 x, x'가 존재해서, $f^m(x) = f^n(x')$를 만족한다는 것이다. 그러면, f가 단사함수이므로, $f^{m-n}(x') = x$이다.

x가 함수 f의 상(image)이므로, $x \in B$이다. 한편 $x \in A-B$이므로, $x \notin B$. 이것은 서로 모순이다. 그리므로 C_n이 단조증기 수열이고, C_n이 A의 부분집합이므로 유계라 할 수 있다. 그래서 C_n은 수렴하므로, 그 수렴값을 C라고 하자. 그리고 $f(C) \subset C$이므로, $h: A \to B$로의 함수를

$$h(z) = \begin{cases} f(z), & z \in C \\ z, & z \in A-C \end{cases}$$

로 정의하면, h는 전단사함수가 된다.

h가 단사함수인 것은 정의에 의하여 명백하고, 전사인 것을 살펴보자.

$$\begin{aligned} h(A) &= (A-C) \cup f(C) \\ &= \left(A - \bigcup_{n \geq 0} f^n(A-B)\right) \cup f\left(\bigcup_{n \geq 0} f^n(AB)\right) \\ &= \left(A - \bigcup_{n \geq 0} f^n(A-B)\right) \cup \left(\bigcup_{n \geq 1} f^n(A-B)\right) \\ &= A-(A-B) = B \end{aligned}$$

그러므로 h는 전사이다. ■

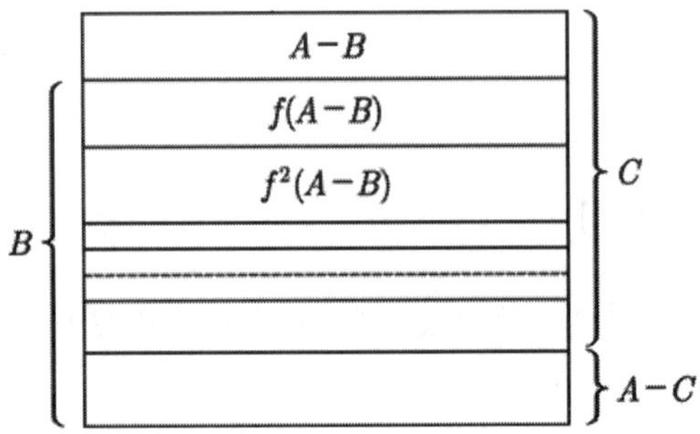

그림 6.2.1

정리 6.2.2의 증명

정리의 가정에 의하여, A의 부분집합 A_0와 B의 부분집합 B_0가 존재해서, $f: A \sim B_0$이고, $g: B \sim A_0$이다. 그러면, 합성함수 $(g \circ f): A \rightarrow A_0$는 단사함수이다. 여기에 위의 보조정리를 적용하면, 전단사함수 $h: A \rightarrow A_0$가 존재한다. 그러면 합성함수 $g^{-1} \circ h: A \rightarrow B$는 전단사함수이다. 따라서 A와 B는 대등하다. ■

여기서 $\mathrm{card}A < \mathrm{card}B$ 또는 $\mathrm{card}A = \mathrm{card}B$를 $\mathrm{card}A \leqq \mathrm{card}B$로 나타내기로 하자.

따름정리 두 집합 A, B에 대하여,

$$\mathrm{card}A \leqq \mathrm{card}B \text{이고, } \mathrm{card}B \leqq \mathrm{card}A$$

이면 $\mathrm{card}A = \mathrm{card}B$이다.

증명

위의 정리 6.2.2에 의하여 명백하다. ■

정리 6.2.3 칸토어의 정리

임의의 집합 X에 대하여, $\mathrm{card}X < \mathrm{card}\,P(X)$이다.

증명

(i) $X = \varnothing$이면, $\mathrm{card}\varnothing = 0$이고, $\mathrm{card}P(X) = 1$이다. 따라서 $\mathrm{card}X < \mathrm{card}P(X)$이다.

(ii) $X \neq \varnothing$일 때, 함수 $g: X \to P(X)$를 임의의 $x \in X$에 대하여, $g(x) = \{x\}$로 정의하면, g는 단사함수이다. 그러므로

$$X \sim \{\{x\} \mid x \in X\} \subseteq P(X)$$

이다. 따라서 $\operatorname{card} X \leq \operatorname{card} P(X)$이다. 그러나 $\operatorname{card} X < \operatorname{card} P(X)$를 보이려면, X가 $P(X)$와 대등하지 않다는 것을 보이면 충분하다. 그러면 전단사 함수 $f: X \to P(X)$가 존재한다고 가정하자. 이때, $S = \{x \in X \mid x \not\in f(x)\}$라고 하면, $S \in P(X)$이고, f가 전단사 함수이므로, $f(e) = S$를 만족하는 X의 원소 e가 존재한다. 그런데, e가 X의 원소이고, S가 X의 부분집합이므로 $e \in S$이든지 $e \not\in S$이다.

(a) $e \in S$인 경우
S의 정의에 의하여, $e \not\in f(e)$이다. 그러나 $f(e) = S$이고, $e \in S$이므로, $e \in f(e)$이다. 이것은 $e \not\in f(e)$에 모순이다.

(b) $e \not\in S$인 경우
S의 정의에 의하여, $e \in f(e)$이다. 그러나 $e \in f(e)$이므로, $e \not\in f(e)$이므로, 이는 서로 모순이다.

따라서 (a), (b) 두 경우에 모두 모순이 유도되므로, 전단사 함수 $f: X \to P(X)$는 존재하지 않는다. 결과적으로 $\operatorname{card} X < \operatorname{card} P(X)$이다. 그래서

$$\operatorname{card} \mathbb{R} < \operatorname{card} P(\mathbb{R}) < \operatorname{card} P(P(\mathbb{R})) < \cdots$$

이다. 즉, $\operatorname{card} \mathbb{R}$보다 더 큰 초한기수들이 많이 있다는 것을 알 수 있다. ■

그러면 **연속체문제(continuum problem)**라고 불리는 다음과 같은 의문을 갖는 것이 자연스럽다. 두 실수 a, b 사이에는 항상 실수 γ이 존재하는 것처럼, 두 기수 $\operatorname{card} \mathbb{N}$과 $\operatorname{card} P(\mathbb{N})$ 사이에 어떤 기수 x가 존재하겠느냐는 것이다. 즉, $\operatorname{card} \mathbb{N} < x < \operatorname{card} P(\mathbb{N})$.

연습문제..... 6.2

1. 임의의 유한기수 n에 대하여 $n < \mathrm{card}\mathbb{N}$임을 증명하여라.

2. 임의의 초한기수 a에 대하여 $\mathrm{card}\mathbb{N} < a$임을 증명하여라. 따라서 $\mathrm{card}\mathbb{N}$은 가장 작은 초한기수이다.

3. 두 집합 A, B에 대하여, 단사 $f: A \to B$가 존재한다 $\Leftrightarrow$ $\mathrm{card}A \le \mathrm{card}B$임을 증명하여라.

4. 집합 A, B, C에 대하여 다음을 증명하여라.

(a) $\mathrm{card}A \le \mathrm{card}B$이고 $\mathrm{card}B \le \mathrm{card}C$이면 $\mathrm{card}A \le \mathrm{card}C$

(b) $\mathrm{card}A < \mathrm{card}B$이고 $\mathrm{card}B < \mathrm{card}C$이면 $\mathrm{card}A < \mathrm{card}C$

5. 두 집합 A, B에 대하여 $A \subseteq B$이면 $\mathrm{card}A \le \mathrm{card}B$임을 증명하여라.

6. 집합 A, B, C에 대하여 $A \subseteq B \subseteq C$, $A \sim C$이면 $A \sim B$임을 증명하여라.

7. 가장 큰 기수는 존재하지 않는다는 것을 보여라.

8. 집합 A, B에 대하여 $A \sim B$이면 $\mathrm{card}P(A) = \mathrm{card}P(B)$이다. 이것을 증명하여라.

9. 임의의 가부번 집합 A에 대하여 A의 멱집합 $P(A)$는 비가부번 집합임을 증명하여라.

6.3 기수의 덧셈 Addition of cardinal numbers

유한기수의 덧셈을 처음 초등학교에서 배울 때를 생각해보자. 3과 2의 덧셈을 설명하면서 사과 세 개와 감 두 개가 담긴 접시가 있을 때, 이 두 접시를 합하여 한 접시에 담고, 그 개수를 세어보면 다섯임을 알 수 있다. 그래서

$$3+2=5$$

로 계산했던, 아름다운 추억이 있을 것이다. 그러면 이와 같은 방법으로 두 기수의 합을 정의하자.

두 기수 a, b를 생각하자. 그러면 C-1성질에 의하여 집합 A, B가 존재하여 $\operatorname{card}A=a$, $\operatorname{card}B=b$이 된다. 그런데 여기서 두 집합 A, B가 $A\cap B\neq\varnothing$일 수 있다. 그러나 이것은 별 문제가 없다. 왜냐하면, 만약 $A\cap B\neq\varnothing$라 하면, $X=A\times\{0\}$, $Y=B\times\{1\}$라고 두면, $X\cap Y=\varnothing$이고, $X\sim A$, $Y\sim B$이므로

$$\operatorname{card}X=\operatorname{card}A=a,\quad \operatorname{card}Y=\operatorname{card}B=b$$

가 된다. 그러면 두 기수의 합을 다음과 같이 정의하자.

정의 6.3.1 $A\cap B=\varnothing$, $\operatorname{card}A=a$. $\operatorname{card}B=b$일 때,

$$a+b=\operatorname{card}(A\cup B)$$

로 정의하고, $a+b$를 **기수의 합(cardinal sum)**이라고 한다.

정리 6.3.2 집합 A, B, A', B'이 있어서, $A\cap B=\varnothing$, $A'\cap B'=\varnothing$이고, $\operatorname{card}A=\operatorname{card}A'$, $\operatorname{card}B=\operatorname{card}B'$이면

$$\operatorname{card}(A\cup B)=\operatorname{card}(A'\cup B')$$

이다.

증명

$A' \sim A$, $B' \sim B$이므로 $A' \cup B' \sim A \cup B$이다. 그러므로

$$\mathrm{card}(A \cup B) = \mathrm{card}(A' \cup B')$$

이다. ■

기수의 합에도 다음과 같은 법칙이 성립한다.

정리 6.3.3 x, y, z이 임의의 기수일 때, 다음 법칙들이 성립한다.

(i) $x + y = y + x$ (교환법칙)

(ii) $(x + y) + z = x + (y + z)$ (결합법칙)

증명

(i) $A \cap B = \varnothing$이고, $\mathrm{card}\,A = x$. $\mathrm{car}\,B = y$이면 $A \cup B = B \cup A$이므로, $x + y = \mathrm{card}(A \cup B) = \mathrm{card}(B \cup A) = y + x$이다.

(ii) A, B, C가 서로 만나지 않고 $\mathrm{card}\,A = x$. $\mathrm{card}\,B = y$, $\mathrm{card}\,C = z$이면, $(A \cup B) \cup C = A \cup (B \cup C)$이므로,

$$\begin{aligned}(x + y) + z &= \mathrm{card}(A \cup B) + \mathrm{card}\,C \\ &= \mathrm{card}[(A \cup B) \cup C] \\ &= \mathrm{card}\,A + \mathrm{card}(B \cup C) \\ &= x + (y + z)\end{aligned}$$

여기서 칸토어가 사용한 기호를 소개하겠다.

자연수 집합 $\mathbb{N}$에 대응하는 기수를 $\aleph_0$이라고 쓰고 aleph-zero 혹은 aleph-null이라고 읽는다.($\aleph$은 히브리 알파벳의 첫 글자이다)

$$\aleph_0 = \mathrm{card}\,\mathbb{N}$$

그리고 실수 집합 $\mathbb{R}$에 대응하는 $\boldsymbol{c}$라고 쓰고 체라고 읽는다.(c는 독일 알파벳의 세 번째 글자이다)

$$\boldsymbol{c} = \mathrm{card}\,\mathbb{R}$$

■

예제 3 $\aleph_0 + \aleph_0$를 구하여라.

풀이.....

모든 짝수 자연수의 집합을 $\mathbb{N}_e$, 모든 홀수 자연수의 집합을 $\mathbb{N}_0$로 나타내면, $\mathbb{N}_e \sim \mathbb{N}$, $\mathbb{N}_0 \sim \mathbb{N}$이다.

$$\begin{aligned}\aleph_0 + \aleph_0 &= \text{card}\,\mathbb{N}_e + \text{card}\,\mathbb{N}_o \\ &= \text{card}\,(\mathbb{N}_e \cup \mathbb{N}_o) \\ &= \text{card}\,\mathbb{N} = \aleph_0\end{aligned}$$

그러므로, $\aleph_0 + \aleph_0 = \aleph_0$이다.

예제 4 $\aleph_0 + \boldsymbol{c}$를 구하여라.

풀이.....

$(0,\ 1) \sim \mathbb{R}$이므로, $\text{card}(0,\ 1) = \text{card}\,\mathbb{R} = \boldsymbol{c}$이다. $S = \mathbb{N} \cup (0,\ 1)$라고 두면, $\mathbb{N} \cap (0,\ 1) = \varnothing$이므로,

$$\text{card}\,S = \text{card}[\mathbb{N} \cup (0,\ 1)] = \text{card}\,\mathbb{N} + \text{card}(0,\ 1) = \aleph_0 + \boldsymbol{c}$$

이다. 한편, $\mathbb{R} \sim (0,\ 1) \subseteq S$이고, $S \sim S \subseteq \mathbb{R}$이므로, 정리 6.2.2에 의하여 $S \sim \mathbb{R}$이다. 그러므로, $\aleph_0 + \boldsymbol{c} = \boldsymbol{c}$이다.

연습문제..... 6.3

1. 임의의 기수 x에 대하여 $x+0=x$임을 증명하여라.

2. 임의의 기수 x, y에 대하여 $x+y=y+x$임을 증명하여라.

3. 임의의 기수 x, y, z에 대하여 $(x+y)+z=x+(y+z)$임을 증명하여라.

4. 임의의 유한기수 n에 대하여 다음이 성립함을 증명하여라.

(a) $n+\aleph_0=\aleph_0$

(b) $n+\boldsymbol{c}=\boldsymbol{c}$

5. $\boldsymbol{c}+\boldsymbol{c}=\boldsymbol{c}$임을 증명하여라.

6. 임의의 기수 x, y, z에 대하여 다음 물음에 답하여라.

(a) $x \leq y$이면 $x+z \leq y+z$. 이것을 증명하여라.

(b) 위의 (a)에 있어서 "$\leq$"를 "$<$"로 바꿔 놓은 명제는 참이 아닐 수도 있다. 이것에 대한 보기(반례) 하나를 들어라.

6.4 기수의 곱 Multiplication of cardinal number

임의의 기수의 곱(cardinal product)를 생각할 때도, 유한 기수의 곱을 처음 배운 초등학교 시절로 돌아가면 된다. 3×4를 공부할 때, 그림 6.4.1과 같은 타일의 개수를 센 적이 있다. 한 걸음 더 나아가서 $A=\{a, b, c\}$, $B=\{1, 2, 3, 4\}$일 때, 3×4는 그림 6.4.2와 같이 집합 $A\times B$의 원소의 개수와 같음을 알 수 있다.

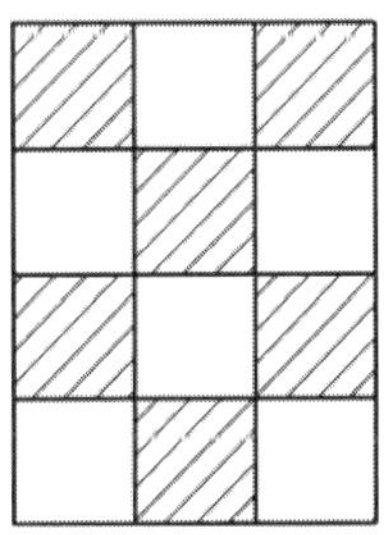

그림 6.4.1

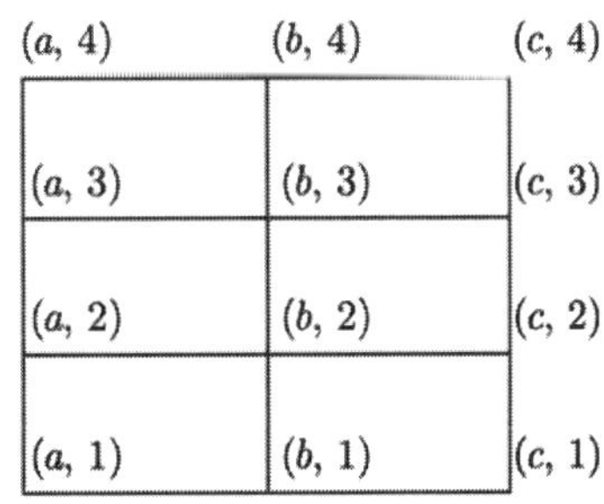

그림 6.4.2

그러면 임의의 기수의 곱을, 유한기수의 곱과 같이 다음과 같이 정의하자.

정의 6.4.1 두 집합 A, B에 대하여, $\operatorname{card}A=a$. $\operatorname{card}B=b$일 때, 두 기수의 곱 $a\times b$를 $a\times b=\operatorname{card}(A\times B)$로 정의한다.

위의 정의 6.4.1에서 기수 a, b에 대응하는 집합이 유일하게 존재하는 것은 아님으로, 만약에 집합 X, Y가 존재해서, $\operatorname{card}X=a$. $\operatorname{card}Y=b$를 만족할 때, 그때의 $a\times b=\operatorname{card}(X\times Y)$가 될 것이다. 그러면 이때도 $a\times b$의 값이 변함이 없겠는가? 하는 의문이 생긴다. 성질 C-4에 의에서, $A\sim X$, $B\sim Y$임을 알 수 있다. 그리고 $A\times B\sim X\times Y$도 쉽게 알 수 있다. 그러므로, 성질 C-4에 의해서, $\operatorname{card}(A\times B)=\operatorname{card}(X\times Y)$이다.

따라서, 기수 a, b에 대응하는 집합이 유일하지 않아도, 정의 6.4.1은 잘 정의된 정의임을 알 수 있다.

정리 6.4.2 x, y, z을 임의의 기수라고 하면, 다음이 성립한다.

(i) $xy = yx$ (교환법칙)

(ii) $(xy)z = x(yz)$ (결합법칙)

(iii) $x(y+z) = xy + yz$ (분배법칙)

증명

$A \times B \sim B \times A$, $(A \times B) \times C \sim A \times (B \times C)$ 그리고,

$$A \times (B \cup C) = (A \times B) \cup (A \times C)$$

임을 고려하면, 쉽게 증명할 수 있다.

예제 5 임의의 기수 x에 대하여, 다음을 계산하여라.

(i) $1x$

(ii) $0x$

(iii) $\aleph_0 \aleph_0$

풀이.....

(i) $\mathrm{card}\,X = x$라 하면,

$$\begin{aligned} 1x &= \mathrm{card}(\{1\} \times X) \\ &= \mathrm{card}(X) \qquad (\{1\} \times X \sim X) \\ &= x \end{aligned}$$

(ii) $$\begin{aligned} 0x &= \mathrm{card}(\varnothing \times X) \\ &= \mathrm{card}(\varnothing) \qquad (\varnothing \times X \sim \varnothing) \\ &= 0 \end{aligned}$$

(iii) $$\begin{aligned} \aleph_0 \aleph_0 &= \mathrm{card}(\mathbb{N} \times \mathbb{N}) \\ &= \mathrm{card}\,\mathbb{N} \qquad (\mathbb{N} \times \mathbb{N} \sim \mathbb{N}) \\ &= \aleph_0 \end{aligned}$$

예제 6 $\boldsymbol{cc} = \boldsymbol{c}$임을 보여라.

증명.....

$\boldsymbol{cc} = \boldsymbol{c}$을 먼저 보이기 위하여, 단사함수

$$f: (0,\ 1) \times (0,\ 1) \to (0,\ 1)$$

를 정의하자.

$$f(0.x_1 x_3 x_5 \cdots,\ 0.x_2 x_4 x_6 \cdots) = 0.x_1 x_2 x_3 x_4 x_5 x_6 \cdots$$

로 정의하면, f는 단사함수이다.(사실은 전단사로 여기서 증명이 끝난다.) 단, $\dfrac{1}{2} \in (0,\ 1)$인 경우는 $0.4999\cdots$로 나타내는 것으로 한다. 그러므로, $\boldsymbol{cc} \leq \boldsymbol{c}$가 된다. 그리고 함수 $g: (0,\ 1) \to (0,\ 1) \times (0,\ 1)$를

$$g(0.x_1 x_2 x_3 x_4 x_5 x_6 \cdots) = (0.x_1 x_3 x_5 \cdots,\ 0.x_2 x_4 x_6 \cdots)$$

로 정의하면, g도 단사함수이다. 그러므로, $\boldsymbol{cc} = \boldsymbol{c}$이다.

연습문제..... 6.4

1. 정리 6.4.2를 증명하여라.

2. 기수 x, y, z에 대하여 $x \le y$이면 $xz \le yz$. 이것을 증명하여라.

3. 다음 명제를 증명하거나 또는 반증하여라.

임의의 기수 x, y, z에 대하여 $x < y$이고 $z \ne 0$이면 $xz < yz$

4. 유한기수 n에 대하여 $n\aleph_0 = \aleph_0$임을 증명하여라.

5. 기수 x, y에 대하여 다음을 증명하여라.

(a) $xy = 0$이면 $x = 0$ 또는 $y = 0$

(b) $xy = 1$이면 $x = 1$ 또는 $y = 1$

6. 예제 6의 증명에서 함수 $f:(0,\ 1)\times(0,\ 1)\to(0,\ 1)$을

$$f(0.x_1x_2x_3\cdots,\ 0.y_1y_2y_3\cdots) = 0.x_1y_1x_2y_2x_3y_3\cdots$$

으로 정의한 바 있다. 이 함수는 전단사임을 보여라.

6.5 기수의 지수 Exponentiation of cardinal number

a, b가 유한기수일 때, b^a를 생각하면, 2^3은 $2 \cdot 2 \cdot 2$이고, n^m은 $n \cdot n \cdot \cdots \cdot n$ (m개)임을 알 수 있다. 초한기수일 때는 이러한 표현방법으로 불가능함을 알 수 있다. 그래서 다른 방법을 찾아보자.

집합 $A = \{a, b, c\}$, $B = \{1, 2\}$일 때, A에서 B로의 함수를 생각하면, 함수는 모두 몇 개이겠는가?

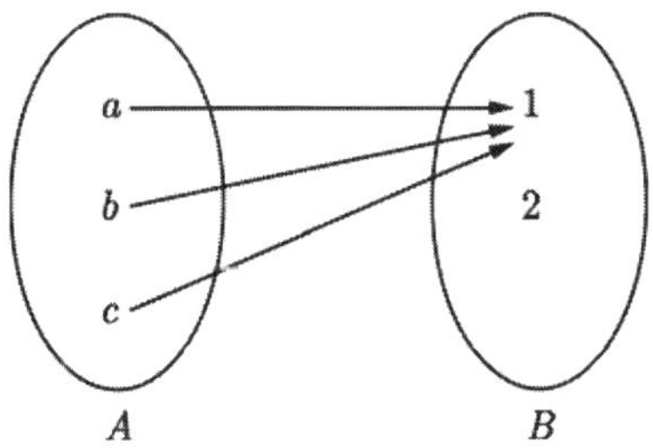

그림 6.5.1

원소 a가 선택할 수 있는 방법은 2가지이다. 그리고, 원소 b, c 각각의 경우에도 2가지이므로, 함수의 개수는 $2 \times 2 \times 2$이다. 그러므로 이 방법을 사용하여 임의의 두 기수 a, b에 대한 거듭제곱 값을 정의할 수 있다.

정의 6.5.1 임의의 두 기수 a, b에 대하여 집합 A, B가 존재해서, $\operatorname{card} A = a$. $\operatorname{card} B = b$일 때, $b^a = \operatorname{card} B^A$로 정의하자.
단, $B^A = \{f \mid f : A \to B$는 함수$\}$

다음 정리에 의하여, 두 기수 a, b에 대응하는 집합의 선택에 상관없이 b^a가 일정한 값을 가짐을 알 수 있다.

정리 6.5.2 집합 A, B, X, Y가 $A \sim X$, $B \sim Y$을 만족하면,

$$B^A \sim Y^X$$

이다.

증명

$g: A \to X$, $h: B \to Y$, 전단사함수를 생각하자. 그리고 $\psi: B^A \to Y^X$를 $(\psi(f))(x) = (h \circ g \circ g^{-1})(x)$, $\forall z \in X$, $\forall f \in B^A$로 정의하면, ψ는 전단사함수임을 알 수 있다(그림 6.5.2). ■

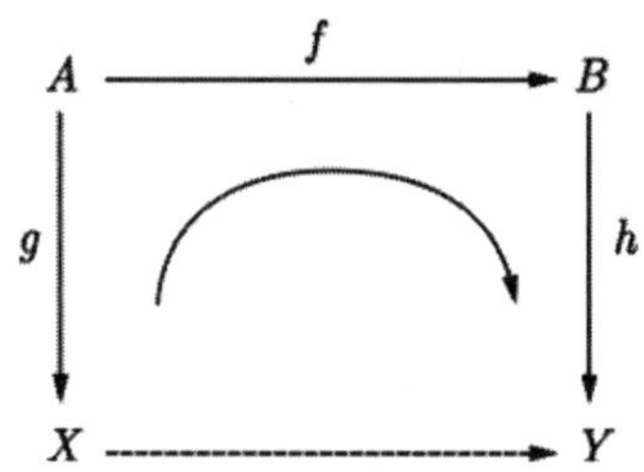

그림 6.5.2

예제 1 임의의 집합 A에 대하여 $\mathrm{card}P(A) = 2^{\mathrm{card}A}$이다.

증명.....

$\psi: P(A) \to B^A$를 $\psi(D) = \chi_D$로 정의하면 ψ는 전단사함수이다. 단, $B = \{0, 1\}$, $\chi_D: A \to \{0, 1\}$: 특성함수이다.

먼저 ψ가 단사임을 보이자.

$$\begin{aligned} D_1, D_2 \in P(A),\ D_1 \neq D_2 &\Rightarrow \exists x_0 \in A \text{ s.t. } x_0 \in D_1 \wedge x_0 \notin D_2 \\ &\Rightarrow \chi_{D_1}(x_0) = 1,\ \chi_{D_2}(x_0) = 0 \\ &\Rightarrow \chi_{D_1} \neq \chi_{D_2} \end{aligned}$$

또한 전사임을 보이자.

$\forall f \in B^A$, $D = \{x \mid f(x) = 1\}$라고 두면, $f = \chi_D$이다. 따라서 $\psi = \chi_D = f$이므로, ψ는 전사이다.

결과적으로 $P(A) \sim B^A$이므로, $\mathrm{card}P(A) = 2^{\mathrm{card}A}$이다.

정리 6.5.3 a, x, y가 임의의 기수일 때, $a^x a^y = a^{x+y}$이다.

증명

기수 a, x, y에 대응하는 집합을 A, X, Y라고 하고, $X \cap Y = \varnothing$라고 가정해도 일반성을 잃지 않는다. 그러면 $A^X \times A^Y \sim A^{X \cup Y}$임을 보여주면 충분하다. 함수 $\psi: A^X \times A^Y \to A^{X \cup Y}$를

$$\psi(f, g) = f \cup g (\forall f \in A^X, \ \forall g \in A^Y)$$

로 정의하자. 그러면 ψ는 전단사함수임을 알 수 있다. 따라서 $a^x a^y = a^{x+y}$이다. ■

정리 6.5.4 x, y, z가 임의의 기수일 때, $(z^y)^x = z^{yx}$이다.

증명

기수 x, y, z에 대응하는 집합을 X, Y, Z이라 하자. 그러면, 전단사함수 $\psi: Z^{Y \times X} \to (Z^Y)^X$를 정의하면 증명은 끝난다. $\forall f \in Z^{Y \times X}$에 대하여, 즉 함수 $f: Y \times X \to Z$와 $\forall a \in X$에 대하여, 함수 $f^a: Y \to Z$를 $f^a(b) = f(b, a)$, $\forall b \in Y$로 정의하고, 함수 $e_f: X \to Z^Y$를 $e_f(a) = f^a$, $\forall a \in X$로 정의하자. 그러면, $e_f \in (Z^Y)^X$이다. 이것을 이용하여, ψ를 $\psi(f) = e_f$로 정의하면, ψ는 전단사함수이다. 따라서 $(z^y)^x = z^{yx}$이다. ■

정리 6.5.5 a, x, y가 임의의 기수일 때, $(ab)^x = a^x b^y$이다.

증명

기수 a, b, x에 대응하는 집합이 A, B, X일 때, 함수

$$\psi: (A \times B)^X \to A^X \times B^X$$

를 $\psi(f) = (P_A \circ f, P_B \circ f)$, $\forall f \in (A \times B)^X$로 정의하자.
단, $P_A: A \times B \to A$: $A-$정사영 함수, $P_A: A \times B \to B$: $A-$정사영 함수이다. 그러면, ψ는 전단사 함수이다. 따라서 $(ab)^x = a^x a^y$이다. ■

정리 6.5.6 $2^{\aleph_0} = \boldsymbol{c}$

증명

$N \sim Q$와 $\text{card}\, P(\mathbb{N}) = 2^{\aleph_0}$인 것을 고려하면, 단사함수 $f: \mathbb{R} \to P(\mathbb{Q})$가 존재함을 보이면, $\boldsymbol{c} \le 2^{\aleph_0}$임을 보일 수 있다. 그래서 함수 f를 $f(a) = \{x \in \mathbb{Q} \mid x < a\}$, $(\forall a \in \mathbb{R})$라고 정의하자. 그러면, f는 단사함수이다. 만약 $a \ne b$이면, 유리수의 조밀성에 의하여, $a < r < b$를 만족하는 유리수 r이 존재한다. 따라서 $r \in f(b)$, $r \notin f(a)$이다. 즉, 집합 $f(a) \ne f(b)$이다. 그러므로 f는 단사함수이다.

다음으로 $2^{\aleph_0} \le \boldsymbol{c}$를 보이기 위하여, 함수 $\psi: \{0,\ 1\}^N \to \mathbb{R}$를

$$\psi(f) = 0,\ f(1)f(2)f(3)\cdots \ (\forall f \in \{0,\ 1\}^N)$$

로 정의하자 그러면, ψ 단사함수이다. 왜냐하면, 만약

$$\begin{aligned} f \ne g &\Rightarrow \exists\, n_0 \in \mathbb{N}\ \text{s.t.}\ f(n_0) \ne g(n_0) \\ &\Rightarrow \psi(f) \ne \psi(g) \end{aligned}$$

따라서 $2^{\aleph_0} \le \boldsymbol{c}$. ■

따름정리 6.5.7 $\aleph_0 < \boldsymbol{c}$

증명

$\aleph_0 = \text{card}\,\mathbb{N} < \text{card}\, P(\mathbb{N}) = 2^{\text{card}\,\mathbb{N}} = 2^{\aleph_0} = \boldsymbol{c}$ ■

예제 2 $cc = c$

증명.....

$\boldsymbol{cc} = 2^{\aleph_0} 2^{\aleph_0} = 2^{\aleph_0 + \aleph_0} = 2^{\aleph_0} = \boldsymbol{c}$

예제 3 $\text{card}\,\mathbb{R}$과 $\text{card}\,\mathbb{R}^{\mathbb{R}}$를 비교하면, 어떻게 될까?

풀이.....

$$\begin{aligned} \mathrm{card}\,\mathbb{R}^{\mathbb{R}} &= \mathrm{card}\,\mathbb{R}^{\mathrm{card}\,\mathbb{R}} \\ &= \boldsymbol{c}^{\boldsymbol{c}} \\ &= \left(2^{\aleph_0}\right)^{\boldsymbol{c}} \\ &= 2^{\aleph_0 \boldsymbol{c}} \\ &= 2^{\boldsymbol{c}} > \boldsymbol{c} = \mathrm{card}\,\mathbb{R} \end{aligned}$$

그러므로 $\mathrm{card}\,\mathbb{R}^{\mathbb{R}} > \mathrm{card}\,\mathbb{R}$이다.

예제 4 $C(\mathbb{R},\ \mathbb{R}) = \{f \mid f : \mathbb{R} \to \mathbb{R}$: 연속함수$\}$
$C(\mathbb{Q},\ \mathbb{R}) = \{f \mid f : \mathbb{Q} \to \mathbb{R}$: 연속함수$\}$
$K(\mathbb{R},\ \mathbb{R}) = \{f \mid f : \mathbb{R} \to \mathbb{R}$: 상수함수$\}$
$D(\mathbb{R},\ \mathbb{R}) = \{f \mid f : \mathbb{R} \to \mathbb{R}$: 미분가능함수$\}$이면,
$\mathrm{card}\,C(\mathbb{R},\ \mathbb{R}) = \mathrm{card}\,C(\mathbb{Q},\ \mathbb{R}) = \mathrm{card}\,K(\mathbb{R},\ \mathbb{R}) = \mathrm{card}\,D(\mathbb{R},\ \mathbb{R}) = \boldsymbol{c}$
이다.

증명.....

이것의 증명은 대학원 과정으로 미루도록 한다.

연습문제..... 6.6

1. 정리 6.5.2의 증명에 있어서 함수 $\psi: B^A \to Y^X$는 전단사임을 증명하여라.

2. 임의의 기수 a에 대하여 다음을 증명하여라.

$$a^0 = 1,\ a^1 = a,\ 1^a = 1,\ \text{또 } a \neq 0\text{이면 } 0^a = 0$$

3. 임의의 기수 a에 대하여 $2^a > a$임을 보여라.

4. 기수 a, b, x, y에 대하여 $a \leq b$, $x \leq y$이면 $a^x \leq b^y$임을 증명하여라.

5. 임의의 유한기수 $n \geq 2$에 대하여 $n^{\aleph_0} = \boldsymbol{c} = \aleph_0^{\aleph_0}$임을 증명하여라.

6. 임의의 유한기수 $n \geq 1$에 대하여 $\boldsymbol{c}^{\aleph_0} = \boldsymbol{c} = \boldsymbol{c}^n$임을 증명하여라.

7. 모든 복소수의 집합 $\mathbb{C}$에 대하여 $\text{card}\,\mathbb{C} = \boldsymbol{c}$임을 증명하여라.

8. $\aleph_0 \boldsymbol{c} = \boldsymbol{c}$임을 증명하여라.

9. $P(A)$에서 $\{0, 1\}^A$로의 함수를 각 $D \in P(A)$에 $\chi_D \in \{0, 1\}^A$를 대응하도록 정의하면 이 함수는 전단사이다. 이것을 증명하여라.

10. 집합 A, X, Y에 대하여 $X \cap Y = \varnothing$일 때 $A^Y \times A^Y$에서 $A^{X \cup Y}$로의 함수를 각 $(f, g) \in A^X \times A^Y$에 $f \cup g \in A^{X \cup Y}$가 대응하도록 정의하면 이 함수는 전단사이다. 이것을 증명하여라.

11. 정리 6.5.4의 증명에 있어서 함수 $\psi: Z^{Y\times X} \to (Z^Y)^X$는 전단사임을 증명하여라.

12. 정리 6.5.5의 증명에 있어서 함수 $\psi: (A\times B)^X \to A^X\times B^X$는 전단사임을 증명하여라.

6.6 연속체가설과 일반 연속체가설

1880년경 칸토어는 두 초한기수 $\aleph_0$과 $\boldsymbol{c}$ 사이에 또 하나의 기수가 존재할 것인가에 대하여 의문을 가졌다. 칸토어와 많은 수학자들이 이 의문을 풀려고 많은 노력을 하였으나, $\aleph_0 < \mathrm{card}A < \boldsymbol{c}$를 만족하는 집합 A를 발견하지 못하였고, 발견할 수 있는 방법도 없는 것처럼 보였다. 그래서 이러한 기수가 존재하지 않을 것으로 예측하게 되었고, 이 예측을 **연속체가설**(Continuum Hypothesis)라고 한다.

연속체 가설

> 두 초한기수 $\aleph_0$과 $\boldsymbol{c} = 2^{\aleph_0}$ 사이에 존재하는 기수는 없다.

한 걸음 더 나아가 임의 초한기수 a에 대하여, a와 2^a 사이에 또 하나의 기수가 존재하겠는가? 라는 의문이 생긴다. 이 질문에 대한 해답도 역시 찾을 수가 없었다. 그래서 이런 기수가 존재하지 않을 것이라는 예측을 하게 되는데, 이것을 **일반연속체가설**(Generaliged Continuum Hypothesis)이라고 한다.

일반연속체 가설

> 임의의 초한 기수 a에 대하여, $a < x < 2^a$를 만족하는 기수 x는 존재하지 않는다.

1900년 독일의 수학자 데이비드 힐베르트(David Hilbert, 1862～1943) 등에 의해서 제기된 연속체가설문제는 많은 논란을 불러 일으켰고, 1938년 쿠르트 괴델(Kurt Gődel, 1906～1978)에 의하여, 연속체 가설은 집합론의 공리들과 상대적으로 모순이 되지 않음을 보였다. 그리고, 1963년 폴 제이 코헨(Paul J.Cohen, 1934～)에 의하여 집합론의 공리계 위에서는 일반연속체 가설의 증명이 불가능하다고 주장하였다. 일반연속체 가설은 기하학의 평행선공리와 같이, 이것을 받아들이거나, 부정하던지 상관없이 수학의 이론들과 아무런 모순이 생기지 않는다는 것이다.

7

서수와 Ordinal Number 서수의 연산

Set Theory

7.1 서수 Ordinal number

우리는 1, 2, 3, …를 기수라 하고, 첫째, 둘째, 셋째, …등을 서수라 하였다. 이러한 개념을 무한집합의 경우까지 확장하여, 기수의 경우에 초한기수, 즉 cardinal number를 도입하였다. 그러면 서수의 경우에도, 무한정렬집합을 이용하여, 서수개념을 확장하여 이것을 무한서수, 즉 'ordinal number'라 한다. 이를 위하여 무한집합에서 도입한 **대등(equipotent)** 개념을 무한정렬집합에 적용하여 보자.

정의 7.1.1 정렬집합 $(A, \le)$와 $(B, \le')$에 대하여, 전단사함수 $f: A \to B$가 존재하여,

$$\forall a_1, a_2 \in A,\ a_1 \leqq a_2 \Rightarrow f(a_1) \leqq' f(a_2)$$

이면 두 정렬집합 $(A, \le)$, $(B, \le')$는 **순서동형적(order-isomorphic)**이라고 한다. 이때 $(A, \le) \approx (B, \le')$로 표시한다. 그리고 함수 f를 **순서동형(order-isomorphism)**이라고 한다.

서수에 대한 일반규칙

O-1. 임의의 정렬집합 A에 대하여, 서수 $\text{ord}(A, \le)$가 존재하고, 또한 임의의 서수 α에 대하여, $\text{ord}(A, \le) = \alpha$인 정렬집합 $(A, \le)$가 존재한다.

O-2. 정렬집합 $(A, \le)$, $(B, \le')$에 대하여,

$$(A, \le) \approx (B, \le') \Leftrightarrow \text{ord}(A, \le) = \text{ord}(B, \le')$$

이다.

O-3. $A = \varnothing \Leftrightarrow \text{ord}(A, \le) = 0$

O-4. 정렬집합 $(A, \le)$가 적당한 $k \in \mathbb{N}$에 대하여, $A \approx \{1, 2, 3, \cdots, k\}$이면, $\text{ord}(A, \le) = k$이다.

자연수 $\mathbb{N}$의 순서는 1, 2, 3, 4, ⋯로 생각할 때, 이에 대응하는 서수를 그리스 문자 오메가 ω로 나타낸다. 즉, $\omega = \text{ord}\{1, 2, 3, \cdots\}$.

그러나 $\mathbb{N}$은 순서를 다르게 하면, 그에 대응하는 서수는 달라진다. 만약, $\mathbb{N}$를 1, 3, 5, ⋯, 2, 4, 6, ⋯와 같이 홀수를 먼저 모두 배열하고, 짝수를 배열하는 것으로 하면, $\text{ord}\{1, 3, 5, \cdots, 2, 4, 6, \cdots\} \neq \omega$이다. 왜냐하면, $\{1, 2, 3, \cdots\}$와 $\{1, 3, 5, \cdots, 2, 4, 6, \cdots\}$는 순서동형이 아니기 때문이다.

연습문제..... 7.1

1. 유한정렬집합 $(A, \leq)$, $(B, \leq')$에 대하여 A와 B가 대등하면 $(A, \leq)$와 $(B, \leq')$는 순서동형적이다. 이를 증명하여라.

2. 전순서집합 $(A, \leq)$에 대하여 A는 그 부분집합 B와 C의 합집합으로서 B와 C는 각각 A 위의 전순서 $\leq$로부터 이어받은 순서에 따른 정렬 집합일 때 $(A, \leq)$는 정렬집합이다. 이것을 증명하여라.

3. 두 정렬집합

$$(\mathbb{N}, \leq) = \{1, 2, 3, \cdots\}, \quad (\mathbb{N}, \leq') = \{1, 3, 5, \cdots, 2, 4, 6, \cdots\}$$

에 대하여 $(\mathbb{N}, \leq)$과 $(\mathbb{N}, \leq')$은 순서동형적이 아니다. 이것을 증명하여라.

4. 문제 3의 $(\mathbb{N}, \leq')$은 정렬집합임을 증명하여라.

7.2 서수의 순서 Ordering of the ordinal numbers

정의 7.2.1 임의의 서수 α, β와 이에 대응하는 정렬집합 $(A, \le)$, $(B, \le ')$있어서, 즉, $\alpha = \mathrm{ord}(A, \le)$, $\beta = \mathrm{ord}(B, \le ')$일 때, 만약 $(A, \le)$와 $(B, \le ')$의 어떤 앞절편이 순서동형이면, 이때 우리는 α가 β보다 작거나 같다고 말하고, 기호로 $\alpha \le \beta$또는 $\beta \ge \alpha$로 나타낸다. 그리고, $\alpha \le \beta$이지만, $\alpha \ne \beta$이면, $\alpha < \beta$로 나타낸다.

정리 7.2.2 임의의 정렬집합 $(A, \le)$와 이것의 절편 사이의 유일한 순서동형 함수는 A에서의 항등함수 1_A뿐이다.

증명

A에서 적당한 절편 A_α로 가는 순서동형함수 $f: A \to A_\alpha$가 존재한다고 가정하자. 그러면 절편 A_α로 가는 함수이므로, $f(a) < a$이다. 그러므로 $B = \{x \in A \mid f(x) < x\}$라 두면, $B \ne \varnothing$이다. A가 정렬집합이므로, 부분집합 B는 최소원 b를 가지고, $f(b) < b$이다.

그런데 f가 순서동형함수이므로, $f(f(b)) < f(b) < b$가 된다. 이것은 B의 최소원 b보다 더 작은 $f(b)$가 B에 속한다는 것을 의미한다. 이것은 b가 최소원이란 사실에 모순이다. 따라서 정렬집합에서 그것의 진부분집합인 절편으로 순서동형함수는 존재하지 않음을 알 수 있다.

그러면 이제, 정리의 증명을 위하여 보여야 할 것은, A에서 A_α로의 순서동형함수는 항등함수 $1_A: A \to A_\alpha$뿐임을 보여야 한다. 그래서 $g: A \to A_\alpha$를 순서동형함수라 하면, g와 1_A는 **순증가함수(strictly increasing)**이다. 그러므로, 정리 4.6.12를 적용하면,

$$1_A(x) \le g(x) \le 1_A(x), \quad \forall x \in A$$

따라서 $1_A(x) = g(x)$, $\forall x \in A$. 결과적으로 $1_A = g$이다. ■

다음 두 정리들의 증명은 대학원 과정으로 미루는 것이 좋지만 내용 전개를 위하여 정리

의 내용만 소개한다.

정리 7.2.3 서수 α, β가 $\alpha \le \beta$이고, $\beta \le \alpha$이면 $\alpha = \beta$이다.

정리 7.2.4 임의의 서수 α, β에 대하여, $\alpha \le \beta$ 또는 $\beta \le \alpha$이다.

정리 7.2.5 정렬집합 $(A, \le)$, $(B, \le ')$에 대하여, A가 B의 진부분집합인 절편과 순서동형일 필요충분조건은 $\mathrm{ord}(A, \le) < \mathrm{ord}(B, \le ')$이다.

증명

정리 7.2.2를 사용하면 된다. ■

정리 7.2.6 7.2절의 결과들을 종합하면, 임의의 두 서수 α, β는

(i) $\alpha < \beta$

(ii) $\alpha = \beta$

(iii) $\alpha > \beta$

위의 세 가지 경우 중에 하나임을 알 수 있다.

연습문제..... 7.2

1. $\text{ord}\{1,\ 3,\ 5,\ \cdots,\ 2,\ 4,\ 6,\ \cdots\} > \text{ord}\{1,\ 2,\ 3,\ \cdots\}$을 보여라.

2. 정리 7.2.5를 증명하여라.

3. 임의의 자연수 k에 대하여 다음을 증명하여라.

(a) $\text{ord}\{k,\ k+1,\ k+2,\ \cdots\} = \omega$

(b) $\text{ord}\{k,\ k+1,\ k+2,\ \cdots,\ 0,\ 1,\ 2,\ 3,\ \cdots,\ k-1\} > \omega$

4. 가장 작은 초한서수를 말하여라.

7.3 서수의 덧셈 Addition of ordinal numbers

서로 만나지 않는 두 정렬집합 $(A, \leq)$, $(B, \leq')$에 대하여, 집합 $A \cup B$에서 전순서 관계 $\leq^*$를 다음과 같이 정의하자.

임의의 두 원소 $a, b \in A \cup B$에 대하여,

(i) $a, b \in A$일 때, $a \leq b$이면 $a \leq^* b$로 한다.

(ii) $a, b \in B$일 때, $a \leq' b$이면 $a \leq^* b$로 한다.

(iii) $a \in A$, $b \in B$이면, $a \leq^* b$로 한다.

위와 같이 정의하면, $(A \cup B, \leq^*)$는 정렬집합임을 알 수 있다.

정의 7.3.1 임의의 서수 α, β에 대하여, O-1성질에 의하여, 서로 만나지 않는 정렬집합 $(A, \leq)$, $(B, \leq')$가 존재하여, $\alpha = \mathrm{ord}(A, \leq)$, $\beta = \mathrm{ord}(B, \leq')$가 된다. 이때 $\alpha + \beta = \mathrm{ord}(A \cup B, \leq^*)$로 정의한다.

위에서 서로 만나지 않는 정렬집합의 존재성을 쉽게 증명할 수 있다. 만약 정렬집합 $(A, \leq)$, $(B, \leq')$가 서로 만나는 경우에는 $A \times \{0\}$, $B \times \{1\}$를 생각하면, 서로 만나지 않는다. 여기에

$$a \leq b \Leftrightarrow (a, 0) \leq_0 (b, 0), \ \forall a, b \in A$$
$$c \leq' d \Leftrightarrow (c, 1) \leq'_1 (d, 1), \ \forall c, d \in B$$

로 정의하면, $(A \times \{0\}, \leq_0)$, $(B \times \{1\}, \leq'_1)$는 정렬집합이고,

$$(A \times \{0\}, \leq_0) \approx (A, \leq), \ (B \times \{1\}, \leq'_1) \approx (B, \leq')$$

이므로 $(A, \leq)$와 $(B, \leq')$가 서로 만날 경우에는 이들 대신 $(A \times \{0\}, \leq_0)$와

$(B\times\{1\},\ \leq'_1)$를 생각하면 되므로, 주어진 두 서수에 대하여, 서로 만나지 않는 두 정렬집합들의 존재성은 증명되므로, 정의 7.3.1은 합리적이다.

예제 1 0이 아닌 임의의 유한서수 k에 대하여, $k+\omega=\omega$이다. 그러나 $\omega+k\neq\omega$이다.

증명.....

$k=\mathrm{ord}\{0,\ 1,\ 2,\ \cdots,\ k-1\}$, $\omega=\mathrm{ord}\{k,\ k+1,\ k+2,\ \cdots\}$이므로 $k+\omega=\mathrm{ord}\{0,\ 1,\ 2,\ \cdots,\ k-1,\ k,\ k+1,\ k+2,\ \cdots\}=\omega$이다. 그러나

$$\omega+k=\mathrm{ord}\{k,\ k+1,\ k+2,\ \cdots,\ 0,\ 1,\ 2,\ \cdots,\ k-1\}>\omega$$

이다. 따라서 $\omega+k\neq\omega$이다.

위의 예에서 보는 것처럼, 서수의 덧셈에서는 교환법칙이 성립하지 않음을 알 수 있다.

다음 정리 7.3.2에서 보는 것처럼, 교환법칙이 성립하지 않으므로, 소거법칙도 순서에서 자유롭지 못함을 알 수 있다.

정리 7.3.2 $\alpha,\ \beta,\ \gamma$가 임의의 서수일 때, 다음이 성립한다.

(i) $(\alpha+\beta)+\gamma=\alpha+(\beta+\gamma)$ (결합법칙)

(ii) $\beta<\gamma\Rightarrow\alpha+\beta<\alpha+\gamma$

(iii) $\alpha+\beta=\alpha+\gamma\Rightarrow\beta=\gamma$ (왼쪽 소거법칙)

증명

(i) 합집합에 전순서를 정의해 주면, 덧셈의 정의에 의하여 명백하다.

(ii) 주어진 서수 $\alpha,\ \beta,\ \gamma$에 대응하는 $A\cap B=\varnothing$, $A\cap C=\varnothing$인 정렬집합들을 $(A,\ \leq)$, $(B,\ \leq')$, $(C,\ \leq'')$이라고 하자. 그러면 $\beta<\gamma$이므로, 정리 7.2.5에 의하여, B는 C의 진부분집합인 적당한 절편 C_z과 순서동형인 함수 $g\colon B\to C_z$가 존재한다. 합집합 $A\cup B$와 $A\cup C$에 7.3절 시작 부분에서 정의한 방법으로 전순서를 정의하면,

$(A \cup B, \leq_1^*)$와 $(A \cup C, \leq_2^*)$는 정렬집합이 된다. 함수

$$f : (A \cup B, \leq_1^*) \to (A \cup C, \leq_2^*)$$

를

$$f(x) = \begin{cases} x, & x \in A \\ g(x), & x \in B \end{cases}$$

로 정의하면, 함수 f는 $A \cup B$에서 $A \cup C$의 진부분집합인 절편 $A \cup C_z$로 가는 순서동형함수이다. 그러므로 정리 7.2.5에 의하여, $\alpha + \beta < \alpha + \gamma$이다.

(iii) 만약 $\beta \neq \gamma$이라고 가정하면, 정리 7.2.6에 의하여 $\beta < \gamma$이든지 $\gamma < \beta$이다. 먼저 $\beta < \gamma$이라고 가정하자. 그러면 (ii)에 의하여, $\alpha + \beta < \alpha + \gamma$이다. 이것은 $\alpha + \beta = \alpha + \gamma$인 가정에 모순이다. 그러므로 $\alpha + \beta = \alpha + \gamma$이면 $\beta = \gamma$이다. 다음으로 $\gamma < \beta$인 경우에도 (ii)에 의하여 $\alpha + \gamma < \alpha + \beta$이다. 이것 또한 $\alpha + \gamma = \alpha + \beta$인 가정에 모순이다. 그러므로, 이때도 $\alpha + \beta = \alpha + \gamma$이면, $\beta = \gamma$임을 알 수 있다. ■

위의 정리 7.3.2에서

(ii)에서, $\beta < \gamma \Rightarrow \beta + \alpha < \gamma + \alpha$

(iii)에서, $\beta + \alpha = \gamma + \alpha \Rightarrow \beta = \gamma$

가 성립하지 않음을 연습문제에서 확인해 보는 것이 필요하다.

연습문제..... 7.3

1. 정렬집합 $(A_1, \leq_1)$, $(A_2, \leq_2)$, $(B_1, \leq'_1)$, 그리고 $(B_1, \leq'_2)$에 대하여, $A_1 \approx A_2$, $B_1 \approx B_2$, $A_1 \cap B_1 = \varnothing$, $A_2 \cap B_2 = \varnothing$이면,

$$(A_1 \cup B_1, \leq_1^*) \approx (A_2 \cup B_2, \leq_2^*)$$

이다. 이것을 증명하여라.

2. 임의의 서수 α에 대하여 $\alpha + 0 = \alpha = 0 + \alpha$임을 보여라.

3. 서수의 합에 있어서 결합법칙이 성립한다. 즉 임의의 서수 α, β, γ에 대하여 $(\alpha + \beta) + \gamma = \alpha + (\beta + \gamma)$. 이것을 증명하여라.

4. 서수의 합에 있어서 우소거법칙은 반드시 성립하지는 않는다. 즉, $\beta + \alpha = \gamma + \alpha$이지만 $\beta \neq \gamma$인 서수 α, β, γ가 존재한다. 이러한 반례 하나를 들어라.

5. 다음은 정리 7.3.2의 (ii)를 완화한 것이다. 이것을 증명하여라.
서수 β, γ에 대하여 $\beta < \gamma$이면 임의의 서수 α에 대하여

$$\beta + \alpha \leq \gamma + \alpha$$

이다(다음 정리 7.3.2의 (ii) 참조).

6. 문제 5에 있어서 $\beta < \gamma$는 반드시 $\beta + \alpha < \gamma + \alpha$를 함의하지는 않음을 보여라(정리 7.3.2의 (ii) 참조).

7. 임의의 서수 α, β에 대하여 $\alpha + 1 \leq \beta \Leftrightarrow \alpha < \beta$이다. 이것을 증명하여라.

8. 정리 7.3.2의 (ii)의 역, 즉 $\alpha+\beta<\alpha+\gamma \Rightarrow \beta<\gamma$를 증명하여라.

9. 서수 α, γ에 대하여 $\alpha \leq \gamma$이면 서수 β가 일의적으로 존재함으로써 $\alpha+\beta=\gamma$[이러한 β를 $(-\alpha)+\gamma$로 나타낸다]. 이것을 증명하여라.

10. 임의의 서수 α에 대하여 $\alpha+1>\alpha$임을 증명하여라.

7.4 서수의 곱셈 Multiplication of ordinal numbers

기수의 곱을 위하여, 임의의 두 기수 α, β를 생각하면, 이에 대응하는 정렬집합 $(A, \leq)$, $(B, \leq')$가 있어서,

$$\alpha = \mathrm{ord}(A, \leq), \quad \beta = \mathrm{ord}(B, \leq')$$

가 된다. 그러면 $A \times B$에 어떤 순서를 부여하여, 정렬집합으로 만들것인가가 문제이다. 이제 임의의 (a_1, b_1), $(a_2, b_2) \in A \times B$에 대하여,

(i) $a_1 \leq a_2$이면 $(a_1, b_1) \leq^* (a_2, b_2)$이다.

(ii) $a_1 = a_2$이면 $b_1 \leq b_2$일 때 $(a_1, b_1) \leq^* (a_2, b_2)$라 하자

이러한 방법으로 순서를 부여하는 방법을 사전의 알파벳 배열과 같다 하여, **사전식 순서 (lexicographic ordering)**라고 한다.

정리 7.4.1 $(A \times B, \leq^*)$은 정렬집합이다.

증명

$(A, \leq)$, $(B, \leq')$가 정렬집합이므로, $(A \times B, \leq^*)$가 전순서집합인 것은 쉽게 알 수 있다. 이제 $A \times B$의 공집합이 아닌 부분집합 S를 생각하자. S가 최소원소를 가짐을 보이면, $(A \times B, \leq^*)$가 정렬집합인 것이 증명된다. S를 집합 A로 정사영시킨 집합을

$$P_A(S) = \{x \in A \mid (x, y) \in S \text{ for some } y \in B\}$$

라고 두면, $P_A(S)$는 A의 공집합이 아닌 부분집합이다. $(A, \leq)$가 정렬집합이므로, $P_A(S)$는 최소원소 a가 존재한다. 그러면,

$$T = \{y \in B \mid (a, y) \in S\}$$

라고 두면, T는 B의 공집합이 아닌 부분집합이다. $(B, \leq')$ 또한 정렬집합이므로, T는

최소원소 b를 갖는다. 따라서, $(a,\ b)$는 S의 최소원소임을 알 수 있다. 그러므로 $(A\times B,$ $\leq ^{*})$는 정렬집합이다(그림 7.4.1).

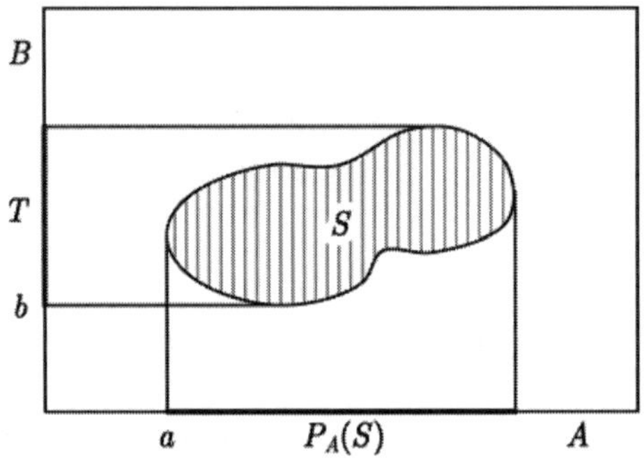

그림 7.4.1

다음으로 서수의 곱셈을 정의하기 위한 정당성을 확보하기 위하여, 다음 정리를 생각하자.

정리 7.4.2 정렬집합 $(A_1,\ \leq_1)$, $(A_2,\ \leq_2)$, $(B_1,\ \leq'_1)$, $(B_1,\ \leq'_2)$가 $(A_1,\ \leq_1)$ $\approx A_2,\ \leq_2)$, $(B_1,\ \leq'_1)\approx(B_2,\ \leq'_2)$이면,

$$(A_1\times B_1,\ \leq^*_1)\approx(A_2\times B_2,\ \leq^*_2)$$

이다.

증명

$(A_1,\ \leq_1)\approx(A_2,\ \leq_2)$, $(B_1,\ \leq'_1)\approx(B_2,\ \leq'_2)$이므로, 순서동형함수 $f: A_1\rightarrow A_2$와 $g: B_1\rightarrow B_2$가 존재한다. 이제 $(A_1\times B_1,\ \leq^*_1)$에서 $(A_2\times B_2,\ \leq^*_2)$로의 함수를 $f\times g$로 정의하면, $f\times g$는 순서동형임을 쉽게 알 수 있다. 즉, $f\times g: A_1\times B_1\rightarrow A_2\times B_2$를

$$(f\times g)(x,\ y)=(f(x),\ g(y))$$

로 정의하면, $f\times g$가 순서동형함수가 되어서,

$$(A_1\times B_1,\ \leq^*_1)\approx(A_2\times B_2,\ \leq^*_2)$$

이다.

정의 7.4.3 주어진 서수 α, β에 대하여, 이에 대응하는 정렬집합 $(A, \leq)$, $(B, \leq')$가 있어서,

$$\alpha = \mathrm{ord}(A, \leq), \quad \beta = \mathrm{ord}(B, \leq')$$

일 때, **서수의 곱(ordinal product)**을 $\beta\alpha = \mathrm{ord}(A \times B, \leq^*)$로 정의하자.

주의 정의 7.4.3에서, $\beta\alpha$의 곱의 순서에 매우 유의하여야 한다. 저자에 따라서는 곱셈의 표기 자체를 반대로 하는 경우도 있다.

서수의 곱에서는 교환법칙이 성립하지 않음을 다음 예에서 확인할 수 있다.

예제 1 2ω와 $\omega 2$의 차이는 무엇인가?

풀이.....

$(A, \leq) = \{1, 2, 3, \cdots\}$, $B = \{0, 1\}$라고 두면, $\omega = \mathrm{ord}(A, \leq)$, $2 = \mathrm{ord}(B, \leq')$이다. $A \times B$에 사전식순서 $\leq^*$를 주면,

$$2\omega = \mathrm{ord}(A \times B, \leq^*)$$

이다(그림 7.4.2).

그런데 함수 $f: A \times B \to A$를

$$f(j, k) = \begin{cases} 2j-1, & k=0 \\ 2j, & k=1 \end{cases}$$

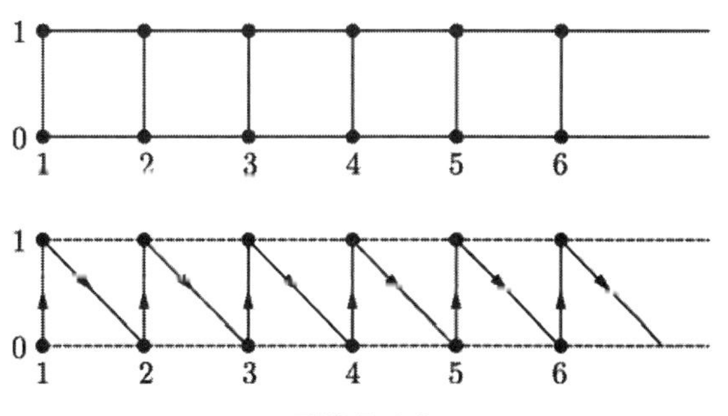

그림 7.4.2

로 정의하면, f는 순서동형함수이다. 즉, $(A\times B,\ \leq^*)\approx(A,\ \leq)$가 되어서, $2\omega=\omega$이다. 그러나, $B\times A$에 사전적순서 $\leq'^*$를 주면, $\omega 2=\operatorname{ord}(B\times A,\ \leq'^*)$이다.

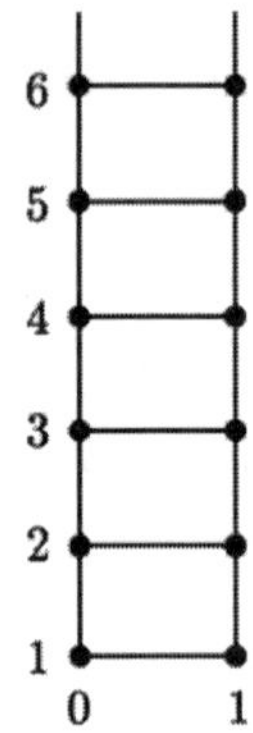

그림 7.4.3

그림 7.4.3에서 보는 것처럼, $\operatorname{ord}(B\times A,\ \leq'^*)=\omega+\ \omega$임을 알 수 있다. 따라서 $2\omega\neq\omega 2$이다.

정리 7.4.4 임의의 서수 $\alpha,\ \beta,\ \gamma$에 대하여, 다음 법칙이 성립한다.

(i) $(\gamma\beta)\alpha=\gamma(\beta\alpha)$ (결합법칙)

(ii) $\gamma(\alpha+\beta)=\gamma\alpha+\gamma\beta$ (왼쪽 배분법칙(left cancellation law))

증명

$\alpha,\ \beta,\ \gamma$에 대응하는, 정렬집합 $(A,\ \leq),\ (B,\ \leq'),\ (C,\ \leq'')$로 생각하고, 특히, (ii)의 증명을 위하여서는, $A\cap B=\varnothing$ 되는 것으로 생각하고, 합집합과 집합의 카티시안 곱에서의 전순서를 도입해주면, 자연스럽게 알 수 있다. ■

정리 7.4.5 임의의 서수 $\alpha,\ \beta,\ \gamma$에 대하여, 다음 법칙이 성립한다.

(i) $\alpha<\beta\Rightarrow\gamma\alpha<\gamma\beta$

(ii) $\gamma\alpha<\gamma\beta\Rightarrow\alpha<\beta$ (왼쪽 소거법칙)

증명

(i) 주어진 서수 α, β, γ에 대응되는 정렬집합들을 $(A, \leq)$, $(B, \leq')$, $(C, \leq'')$라 하자. 즉, $\alpha = \text{ord}(A, \leq)$, $\beta = \text{ord}(B, \leq')$, $\gamma = \text{ord}(C, \leq'')$. $\alpha < \beta$이면 적당한 원소 $p \in B$가 존재해서, $A \approx B_p$이다. A와 B_p 사이에 존재하는 순서동형함수를 f라 하자. 즉, $f: A \to B_p$.

$A \times C$와 $B \times C$에 사전적 순서를 각각 부여하여, $(A \times C, \leq_1^*)$, $(B \times C, \leq_2^*)$라 하자. 그리고 $B_p \times C$에 순서는 다음과 같이 생각하자. 즉, $(B_p \times C) \times (B_p \times C) \cap \leq_2^* = \leq_2^{*'}$라고 두면, $(B_p \times C, \leq_2^{*'})$는 정렬집합을 이루고, $f \times i: A \times C \to B_p \times C$는 순서동형함수이다. 또한,

$$B_p \times C = B \times C_{(p,\ q)} = \{(x,\ y) \in B \times C \mid (x,\ y) \leq_2^* (p,\ q)\}$$

이므로, $\gamma\beta < \gamma\beta$이다.

(ii) 만약 $\beta \leq \alpha$이라고 가정하면, $\alpha = \beta$이든지, $\beta < \alpha$이다. $\beta < \alpha$라고 가정하면, (i)에 의하여, $\gamma\beta < \gamma\alpha$이다. 이것은 가정 $\gamma\alpha < \gamma\beta$에 모순이다. 그러므로 (ii)는 성립한다. $\beta = \alpha$인 경우로 같은 방법으로 증명된다. ■

연습문제..... 7.4

1. 정리 7.4.2의 증명을 완성하여라.

2. 다음이 성립함을 보여라.

(a) 임의의 서수 α에 대하여 $0\alpha = 0 = \alpha 0$, $1\alpha = \alpha = \alpha 1$

(b) $\alpha = 0$ 또는 $\beta = 0 \Leftrightarrow \alpha\beta = 0$

3. 다음이 성립함을 확인하여라.

(a) $\omega 2 = \omega + \omega$

(b) 임의의 유한서수 $k(k \neq 0)$에 대하여 $k\omega = \omega$

4. 서수의 곱셈에 대한 우분배법칙이 반드시 성립하지 않는다. 즉 임의의 서수 α, β, γ에 대하여 $(\beta + \gamma)\alpha = \beta\alpha + \gamma\alpha$가 반드시 참은 아니다. 이것을 보이기 위한 반례 하나를 들어라.

5. 서수의 곱셈에 대한 좌분배법칙이 성립한다. 즉 임의의 서수 α, β, γ에 대하여 $\gamma(\alpha + \beta) = \gamma\alpha + \gamma\beta$이다. 이것을 증명하여라.

6. 서수의 곱셈에 대한 결합법칙이 성립한다. 즉 임의의 서수 α, β, γ에 대하여 $(\gamma\beta)\alpha = \gamma(\beta\alpha)$이다. 이것을 증명하여라.

7. 다음은 정리 7.4.5의 (ⅰ)를 완화한 것이다. 이것을 증명하여라.

서수 α, β, γ에 대하여 $\alpha < \beta$이고 $\gamma < 0$이면 $\alpha\gamma \leq \beta\gamma$이다.

(다음 문제 7 참조).

8. 위의 문제 7에 있어서 $\alpha < \beta$, $\gamma < 0$은 $\alpha\gamma < \beta\gamma$를 반드시 함의하지는 않는다[정리 7.4.5의 (ⅰ) 참조]. 이것을 보여라.

9. 서수의 곱셈에 있어서 우소거법이 반드시 성립하지는 않는다. 즉, 서수 α, β, $\gamma(\gamma > 0)$가 존재함으로써 $\alpha\gamma = \beta\gamma$이지만 $\alpha \neq \beta$인 경우가 있다. 이러한 보기(반례)를 하나 들어라.

10. 다음은 정리 7.4.5의 (ⅰ)의 역이다. 이것을 증명하여라.

$$\text{서수 } \alpha,\ \beta,\ \gamma\text{에 대하여 } \gamma\alpha < \gamma\beta,\ \gamma > 0 \Rightarrow \alpha < \beta$$

8

자연수
Natural Number

8.1 자연수 Natural Number

인류역사와 함께, 대상물의 수효를 세는 일종의 수 체계가 자연수의 개념으로 완성된 것은 실로 경이로운 일이라 아니 할 수 없다.

'Natural number'만큼 완전한 체계를 갖춘 구조를 가진 수 체계는 없다. 그런 면에서 우리는 'Natural number'라고 부르게 된 것이다. 하나님이 이러한, 완전한 구조 체계를 갖춘 수 체계를 선물했다는 뜻으로 우리는 그것을 'Natural number'라고 부르는 것이다. 그러나 번역하는 과정에서 자연수(自然數), 스스로 있는 수라는 뜻으로 번역하여 본래의 뜻을 훼손한 것은 심히 유감스러운 일이다. 그런 의미에서, 'Natural number'를 천연수(天然數)로 번역했음이 옳았다고 생각하나, 학문의 보편성면에서 이미 의미가 굳어져 버린 자연수라는 말을 사용하지 않을 수 없음을 유감스럽게 생각한다. 그리고 막연하게 형성된 직관적이 현상만으로는 그 대상을 수학적으로 논할 수 없음을 우리는 잘 알고 있다.

그래서 페아노(Giuseppi Peano, 1757～1832)가 정의한 자연수의 공리를 소개하고자 한다.

공리 8.1.1 집합 $\mathbb{N}$이 다음 조건을 만족할 때, 그 원소들을 자연수라고 한다.

1. $\mathbb{N}$에는 1로 표시하는 특별한 원소가 존재한다.
2. 임의의 $n \in \mathbb{N}$에 대하여, n^+가 꼭 하나 존재한다. 이때 n^+를 우리는 n의 **후자**(successor)라 부른다.
3. 임의의 $n \in \mathbb{N}$에 대하여, $n^+ \neq 1$이다.
4. 임의의 $m,\ n \in \mathbb{N}$에 대하여, $m^+ = n^+ \Rightarrow m = n$
5. 임의의 $n \in \mathbb{N}$과 임의의 부분집합 $P \subseteq \mathbb{N}$에 대하여,

$$1 \in P \wedge n \in P \Rightarrow n^+ \in P$$

이면 $P = \mathbb{N}$이다.

위의 $1 \sim 5$조건들을 페아노의 이름을 따서 **페아노 공리(The Peano Axioms for natural numbers)**라고 부른다. 특히 **공리 5는 수학적 귀납법이 성립함을 보여주는 공리**이다. 그리고 $1^+ = 2$, $2^+ = 3$, $3^+ = 4$, $4^+ = 5$, $\cdots$로 적기로 한다.

정의 8.1.2 자연수의 덧셈을 다음과 같이 귀납적으로 정의하자.

(*) $1 + y = y^+$

(**) $x^+ + y = (x + y)^+$

예제 1 (1) $1+1$　　(2) $1+3$　　(3) $2+3$

풀이.....

(1) $1+1 = 1^+ = 2$

(2) $1+3 = 3^+ = 4$

(3) $2+3 = 1^+ + 3 = (1+3)^+ = 4^+ = 5$

정리 8.1.3 임의의 자연수 x, y, z에 대하여 다음이 성립한다.

(1) $x + (y+z) = (x+y) + z$　　(결합법칙)

(2) $x + y = y + x$　　(교환법칙)

(3) $x + z = y + z \Rightarrow x = y$　　(소거법칙)

증명

(1) x, y, z가 임의의 자연수에 관한 것이므로, 공리 5를 이용하여 수학적 귀납법으로 증명하여야 한다. 우선 y, z는 고정하고, x에 관하여, 수학적 귀납법을 적용하자.

$x = 1$일 때, 즉, $1 + (y+z) = (1+y) + z$를 보이자.

$$\begin{aligned} 1 + (y+z) &= (y+z)^+ && ((*)\text{에 의하여}) \\ &= y^+ + z && ((**)\text{에 의하여}) \\ &= (1+y) + z && ((*)\text{에 의하여}) \end{aligned}$$

그러므로, $1 + (y+z) = (1+y) + z$. 따라서 $x = 1$일 때, 결합법칙이 성립한다. 다음으

로, $x = k$일 때, 성립함을 가정하자. 즉,

$$k + (y + z) = (k + y) + z.$$

이제, $k^{+} + (y + z) = (k^{+} + y) + z$가 성립함을 보이자.

$$\begin{aligned} k^{+} + (y + z) &= [k + (y + z)]^{+} && \text{((**)에 의하여)} \\ &= [(k + y) + z]^{+} && \text{(귀납의 가정)} \\ &= (k + y)^{+} + z && \text{((**)에 의하여)} \\ &= (k^{+} + y) + z && \text{((**)에 의하여)} \end{aligned}$$

그러므로, 공리 5에 의하여, 결합법칙이 증명된다. y, z에 관하여도, 다른 문자를 고정하고, 같은 방법으로 할 수 있을 것이다.

(2), (3)의 증명도 같은 방법으로 할 수 있다. ■

8.2 자연수의 곱셈

정의 8.2.1 자연수의 곱셈을 다음과 같이 귀납적으로 정의하자.

(☆) $1y = y$

(☆☆) $x^+ y = xy + y$

예제 1 (1) 2×2 (2) 3×2

풀이.....

(1) $2 \times 2 = 1^+ \times 2 = 1 \times 2 + 2 = 2 + 2 = 4$

(2) $3 \times 2 = 2^+ \times 2 = 2 \times 2 + 2 = 4 + 2 = 6$

정리 8.2.2 임의의 자연수 x, y, z에 대하여 다음이 성립한다.

(1) $x(yz) = (xy)z$ (결합법칙)

(2) $xy = yx$ (교환법칙)

(3) $xz = yz \Rightarrow x = y$ (소거법칙)

(4) $x(y+z) = xy + xz$ (분배법칙)

증명

(1), (2), (3)은 연습문제로 넘기고, (4)만 보이도록 하자. $x = 1$이면, (☆)에 의하여,

$$1(y+z) = y + z = 1y + 1z$$

이므로 성립함을 알 수 있다. 다음으로, $x = k$일 때, 성립한다고 가정하자. 즉, $k(y+z) = ky + kz$ 그리고 $k^+(y+z) = k^+y + k^+z$이 성립함을 보이자.

$$\begin{aligned} k^+(y+z) &= k(y+z) + (y+z) && \text{((☆☆)에 의해서)} \\ &= (ky + kz) + (y+z) && \text{(귀납의 가정에 의해서)} \end{aligned}$$

$$
\begin{aligned}
&= ky + \{kz + (y+z)\} && \text{(덧셈의 결합법칙)}\\
&= ky + \{(kz+y)+z\} && \text{(덧셈의 결합법칙)}\\
&= ky + \{(y+kz)+z\} && \text{(덧셈의 교환법칙)}\\
&= ky + \{y+(kz+z)\} && \text{(덧셈의 결합법칙)}\\
&= (ky+y)+(kz+z) && \text{(덧셈의 결합법칙)}\\
&= k^{+}y + k^{+}z && \text{(☆☆)에 의해서}
\end{aligned}
$$

이다. 따라서, 공리 5에 의하여, 모든 자연수에 대하여, (4)가 성립한다. ■

자연수에 관하여 우리가 알고 있는 모든 성질들은 페아노 공리에 의해서, 유도될 수 있다. 그것의 한 보기로서 순서 개념을 도입하여 보자.

정의 8.2.3 임의의 자연수 x, y에 대하여, 적당한 자연수 z이 존재해서, $x = y + z$일 때, $x > y$이라고 자연수의 순서를 정의하자.

정리 8.2.4 임의의 자연수 x, y, z에 대하여, $x > y$이고 $y > z$이면 $x > z$이다.

증명

$x > y$에서 적당한 자연수 k_1이 존재해서 $x = y + k_1$이다. 그리고, $y > z$에서 적당한 자연수 k_2가 존재해서 $y = z + k_2$이다. 따라서 $x = z + k_2 + k_1$이다. 그런데, $k_1 + k_2$도 자연수이므로, $x > z$이다. ■

연습문제..... 8-1, 8-2

※ 임의의 자연수 x, y, z에 대하여, 다음이 성립함을 보여라.

1. $x+y=y+x$

2. $x+z=y+z \Rightarrow x=y$

3. $x(yz)=(xy)z$

4. $xy=yx$

5. $xz=yz \Rightarrow x=y$

참고문헌

1. Suppes, Patrick, *Axiomatic Set Theory*, D. Van Nostrand Company, Inc, 1960

2. Robert L. Vaught, *Set Theory*, An Introduction, Birkhauser,, 1985

3. Pinter, Charles C. *Set Theory*, Addison-Wesley Publishing Company, Inc, Reading, Mass, 1971

4. You-Feng Lin, Shwu-Yeng T, Lin, *Set Theory*, *An Intuitive Approach*, Houghton Mifflin Company, 1974

5. James K, Munkres, *Topology*, Prntice Hall, Inc, 2000

찾아보기

집합론

지은이 김영기
펴낸이 조경희
펴낸곳 경문사
펴낸날 2019년 3월 5일 1판 1쇄
2022년 2월 28일 1판 2쇄
등 록 1979년 11월 9일 제1979-000023호

주 소 04057, 서울특별시 마포구 와우산로 174
전 화 (02)332-2004 팩스 (02)336-5193
이메일 kyungmoon@kyungmoon.com

값 18,000원

ISBN 979-11-6073-185-9